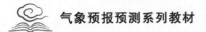
气象预报预测系列教材

农业气象学基础知识

罗蒋梅　杨霏云　刘晓红　编

气象出版社
China Meteorological Press

内容简介

本书从基层农业气象业务工作的实用性出发,系统地介绍了农业气象学的基本概念和基本原理、农业小气候基本概念、农业气候资源基本分析和评价方法以及农业气象灾害概况和监测、区划及风险评估方法。另外,介绍了气候变化对我国农业的影响,使读者对农业气象学基础知识有更为深刻的理解。本书不仅可以为基层农业气象业务人员起到知识补充及提炼的作用,也可以为广大农村基层干部、农业技术人员等开展乡村振兴相关工作提供一些参考。

图书在版编目(CIP)数据

农业气象学基础知识 / 罗蒋梅,杨霏云,刘晓红编
. -- 北京:气象出版社,2022.5
ISBN 978-7-5029-7695-8

Ⅰ.①农… Ⅱ.①罗… ②杨… ③刘… Ⅲ.①农业气象 Ⅳ.①S16

中国版本图书馆CIP数据核字(2022)第065819号

农业气象学基础知识

Nongye Qixiangxue Jichu Zhishi

出版发行:气象出版社

地　　址:北京市海淀区中关村南大街 46 号		邮政编码:100081
电　　话:010-68407112(总编室)　010-68408042(发行部)		
网　　址:http://www.qxcbs.com	E-mail:	qxcbs@cma.gov.cn
责任编辑:张　媛	终　　审:吴晓鹏	
责任校对:张硕杰	责任技编:赵相宁	
封面设计:地大彩印设计中心		
印　　刷:北京建宏印刷有限公司		
开　　本:787 mm×1092 mm　1/16	印　　张:8.5	
字　　数:217 千字		
版　　次:2022 年 5 月第 1 版	印　　次:2022 年 5 月第 1 次印刷	
定　　价:50.00 元		

前　言

我国是农业大国,农业生产目前在某种程度上说还是靠天吃饭,光、热、水、二氧化碳等气象要素是农业生产不可缺少的能量和物质,农业生物和农业生产过程都时刻受到气象条件的影响。农作物和其他植物通过光合作用形成干物质;热量资源的多少和变化规律,决定着当地作物布局、农业结构、品种搭配和种植制度;"有收无收在于水,收多收少在于肥",可见水资源对于农业稳产高产的重要性,农作物关键期的水分盈亏,极大影响到农业生产效益。气候是农业最重要的资源之一,不同地区气候不同,可以开发利用的农业气候资源也不同,因此充分开发利用和保护农业气候资源是农业生产的首要目的之一,只有因地制宜发展农业,才能丰产丰收。气象要素的波动,有时超出了农作物生长发育和产量形成所需要的正常气象条件范围,因此旱涝、霜冻、冻害、冷害、冰雹、大风、干热风等气象灾害就会造成农作物生长发育受阻甚至停止,作物产量随之波动。因此,开展农业气候资源分析评价,掌握各种农业气象灾害的发生时期、地理分布规律,分析危害机理,研究危害指标,探索和改进防御农业气象灾害的技术方法,才能趋利避害,不断提高农业气象防灾减灾的能力。

本书是以中国气象局气象干部培训学院农业气象专业基础知识与技术相关培训班教学大纲为依据,在编者过去讲授农业气象学基础知识讲义的基础上,参考国内相关专著、科研成果、院校教材和农业气象业务规范等编写而成的。在编写过程中坚持针对性、适用性和时代性相结合的原则,根据基层农业气象业务服务人员的实际状况和气象助力乡村振兴业务发展的客观需要,力求内容全面、通俗易懂,便于帮助基层农业气象服务业务人员掌握相关业务基础知识,进一步提升基层农业气象业务服务能力。

本书共分5章。第1章绪论,从农业生产与气象条件关系出发,阐述农业气象学基本概念,由罗蒋梅、刘晓红编写。第2章农业气象学基础,主要介绍农业气象要素(光、热、水、气)与农业生产的关系和对农业生物生长发育、产量形成影响的基本理论、规律及调控技术,由罗蒋梅、刘晓红编写。第3章农业气候学,主要介绍了农业气候学和农业小气候的基本概念、农业气候资源分析与评价方法、农业气候区划的基本方法,由罗蒋梅、杨霏云编写。第4章农业气象灾害,主要介绍农业气象灾害基本概念、分类和发生、发展机制及影响机理,以及农业气象灾害风险评估与区划,由罗蒋梅、杨霏云编写。第5章气候变化对我国农业的影响,主要介绍气候变化对我国农业生产的直接影响和间接影响,由罗蒋梅编写。全书由罗蒋梅统稿。

本教材作为气象部门农业气象专业基础知识与技术相关培训班教材,既可作为基层农业气象业务人员的自学参考教材,也可作为高等院校气象、农、林、牧、生态等专业师生的参阅资料。由于编者学识水平有限,书中错漏之处在所难免,恳请广大专家和读者批评指正。

罗蒋梅

2021 年 9 月

目 录

第 1 章　绪　论

1.1　农业气象学概念

农业气象学(agricultural meteorology 或 agrometeorology)是研究农业生产与气象条件相互关系及其变化规律的科学。它是气象学理论应用于农业生产服务的过程中逐渐形成的一门学科。农业气象学是根据农业生产的需要,运用农业科学技术和气象科学技术不断揭示和解决农业生产中的农业气象问题,以谋求合理利用气候资源,克服不利气象因素,促进农业发展的实用性科学。所以,农业气象学是涉及农业科学和气象科学及它们的相关科学的多学科交叉且互相渗透的边缘学科,是应用气象学的重要分支之一。

农业气象学涉及的学科不仅包括大气科学和农学,还需要土壤学、生态学、水文学、化学、环境科学、地理学、遥感科学与技术、园艺学、统计学、经济学、社会学、数学、物理学、计算机科学、信息科学等学科的理论和方法的支撑。

农业气象学研究的目的在于不断认识和解决农业生产中的气象问题,科学评价和利用农业气候资源,掌握农业气象规律,趋利避害,提出促进农业生产的最优气象保障措施。

自然中的农业生产不仅取决于农业生产对象本身的特性,而且与土壤、气象条件以及地形地势这些外界环境条件密切相关,其中,气象条件是最活跃的因子。气象条件中的光、热、水、气各因子及其组合,对农业生产有利时为农作物提供优厚的物质能量和适宜的环境,使农作物高产,不利时则阻碍农作物的生长发育而造成减产,所以气象条件显著地影响着农作物的生长、发育及产量形成的全过程。作为农业气象学的重要分支,农业气候学的主要任务是从多年平均的角度研究农业对气象条件的要求和反应,从而进行农业气候分析,开展农业气象资源调查与评价,研究、制定农业气候区划,为发展农林牧副渔各业、改革种植制度、引进优良品种以及实施重大农业技术改革等提供气候依据,为保护和改善生态平衡提供决策服务和气候保障等。

1.2　农业气象学发展史

远在 3000 多年前,人们已认识到春夏秋冬的季节变化及其农业意义。中国古代著作中早就有"春耕、夏耘、秋收、冬藏"和"不违农时"的论述;公元前已有二十四节气和七十二候的记载。在西方,公元前希腊人也已能根据气候变化确定一年中农事和航海时间,并有了两分两至的记述。

作为一门学科,农业气象学是在 19 世纪末,在农业科学和气象科学发展的基础上逐步形成的。当时,科学家们为使农作物获得高产,探索作物生长与气象条件的关系,并根据各地的光、热、水条件进行农业气候区划等。

进入 20 世纪后,西欧、苏联、北美和日本等国家及地区相继建立了农业气象机构,开展各项农业气象服务和试验研究工作,并在农业气象指标鉴定、农业气候资源分析与区划、农业气象情报和农业气象预报服务方面取得较大进展。

中国现代农业气象学的研究始于 20 世纪初叶。1922 年竺可桢《气象与农业的关系》、1945 年涂长望《农业气象之内容及其研究途径述要》等都提到了农业气象研究的作用与任务。

中华人民共和国成立后,农业气象的研究、业务和教育机构逐步建立,农业气象试验研究,农业气象观测,农业气象情报、预报和农业气象服务工作逐步开展,农业气象教育机构逐步建立,并培养了一批农业气象专业人才。

20 世纪 70 年代以来,世界农业气象学开始向定量化方向发展,物理学的观点也被应用于探讨农业生物的物质输送与能量转换问题。同时,农业污染的气象问题、农业灾害的气象问题以及空气生物学的气象问题等日益受到重视。随着系统分析、模式建立和各种模拟实验的进行,计算机技术的发展和遥感技术的应用,农业气象研究更趋客观精确,服务工作更加广泛有效。

20 世纪 70—80 年代,农业气象的研究与服务已涉及各个尺度,但主要还是在中小尺度内进行,并因研究对象和角度的不同而逐步形成各种分支学科。按研究的理论和技术领域可分为:农业气象学原理、农业气候学、农业气象统计、农业气象预报、农业小气候、农业气象监测技术等;按所研究的农业生产产业部门或农业生物对象可分为:作物气象、林业气象、牧业气象、渔业气象、园艺气象等。

1.3 农业生产与气象的关系

气象因子是动植物生活所必需的基本因子。首先,气象条件作为自然资源为农业生产直接或间接地提供它们所需要的能量与物质。其次,农业生物的生命过程既然在外界自然环境中完成,就必然受到气象条件有利和不利的影响。再次,气象条件中光、热、水、气各因子不但各自影响着农作物的生长,各因子的不同组合对农业生产也会有不同的影响。最后,气象条件对农业生产中有密切关系的其他因子如土壤、水文、植被等发生作用,反过来这些因子又通过气象条件来影响农业生产。

农业生产对象有其自身的生长发育规律,同时气象条件也有它自己的变化规律,两者结合形成其特有的农业气象规律。因此,要搞好农业生产,必须掌握和遵循农业气象规律,趋利避害,夺取稳产高产。

1.4 农业气象学研究对象与任务

农业气象学研究对象不能单指生物有机体及其生产过程,也不能单指生物有机体所处的外界气象条件,而是生物有机体与气象条件相互作用的规律及其影响。即一方面要研究农业生产对气象条件的要求;另一方面也要研究农业生产对气象条件的影响。

农业气象学的主要内容可分为:农业气象基本方法与理论研究;农业气候资源分析及其合理开发利用研究与服务;农业气象情报预报方法研究与服务;农业气象灾害规律及防御措施研

究与服务;农业微气象条件研究与服务。

我国现代农业气象业务以粮食安全保障、农业防灾减灾、农业应对气候变化为重点,以围绕服务新形势下现代农业发展需求与公共气象服务为引领,正在开始实现由传统农业气象向现代农业气象的转变。农业气象业务大致包括:a.农业气象情报(定期、不定期);b.农业气象预报(产量预报、发育期预报、病虫害预报);c.农业气象灾害监测预警评估、农业气候资源利用(区划等);d.作物气象;e.农业气象观测。

1.5　农业气象学研究过程与方法

农业气象学研究过程一般要经过资料获取、资料处理和资料分析 3 个阶段,各个阶段有一些常用的研究方法。

1.5.1　资料获取

资料获取是农业气象研究工作的基础,它对研究结果往往有决定性的影响。农业气象资料获取常用的方法大致有人工环境模拟法、自然环境试验法、野外考察法、遥感信息分析法、定点定时动态观测法和农业气象数值模拟法 6 类。

(1)人工环境模拟法

这种方法不受自然地理、季节和天气条件的限制,能单因子或多因子地改变和控制生物所处的小气候环境,人工创造和组合适宜的或有害的气象条件;能定量地研究气象条件对植物生长发育的影响,有效揭示作物与环境因子之间的相互关系;若与田间试验相结合,有助于完善试验工作程序,缩短研究周期。人工环境模拟已成为现代农业气象科学研究的重要手段。它包括全环境控制和部分环境控制两种。前者利用人工气候箱(箱群)或人工气候室综合控制,调节光照、温度、降水、空气、湿度等农业气象要素,进行各类植物—大气或土壤—植物—大气条件的综合模拟试验。后者利用塑料棚、温室、防雨棚、暗室、淋雨器、土壤温度控制箱(钵)、风洞等设备,模拟一个或多个环境因子的变化。

(2)自然环境试验法

这种方法是利用不同的自然环境条件进行试验。包括:a.分期播种。分期播种是将试验作物按不同时间播种在同一地块上,使一种气象条件同时与作物多个发育期相遇,而同一作物发育期又能与多种气象条件相遇的方法。这种方法可以达到缩短试验周期、提早获得试验结果的目的,是研究与确定适宜播种期、研究农业气象灾害指标、研究农业气候指标等的常用方法。这种方法如在不同地区进行,称地理分期播种法。b.地理播种。地理播种是将同一作物品种播种在不同地理区的试验点内,按统一的计划和方法进行物候与小气候的平行观测。为使试验结果能进行对比分析,要求各地理区试验点的地形、土壤和作物栽培的农业技术措施尽可能一致或相似。这种方法可以获得不同地区较多的对比资料,缩短试验期限,解决单点分期播种不能解决的问题,使试验研究更为科学,但因为各地理区试验点的地形、土壤条件难以一致,同时由于试验涉及的人数较多,掌握观测标准常有出入,所以在进行试验时要精心选点、加强管理。在不同纬度的地区间进行播种称之为水平地理播种,在不同高度的地区进行播种称之为垂直地理播种,在不同地形的地区进行播种称之为小气候地理播种。这种方法主要用于鉴定某一地区的农业气候条件,进行农业气候区划与作物引种研究。c.地理移置。根据不同目的,将在同一地点和同一时间、统一栽培管理的相同盆栽试验材料,于试验阶段分别移送至不同高度或不同地形山区的各试验点,进行某类农业气象问题的试验研究。d. 对比试验。对各种试验进行不同处理后直接进行对比平行观测。应用这种方法时,作物品种、土壤类型以及栽培管理应尽量一致,排除非气象因子对作物生长发育的影响,以突出气象条件的作用。

(3)野外考察法

包括实地调查、指示植物、自然物候观测分析 3 种方法:a. 实地调查法。指根据生产实践提出的农业气象问题,利用仪器在事先拟定的考察路线上进行定点观测或流动观测或访问调查等方法取得资料数据。按调查目的不同分农业气候普查、农业气象灾害调查和农业小气候调查等类型。b. 指示植物法。指利用指示植物的地理分布,推断地区的农业气候特点。c. 自然物候观测分析法。由于自然物候现象是气候条件的综合反应,所以通过累积自然物候资料,结合相应年份的气象资料进行整理分析,可以找出气候条件与自然物候的相互关系。

(4)遥感信息分析法

指利用光电传感器接收并记录被测对象所发射(或反射)的不同电磁波,摄成图像,然后进行处理,判读所获得的资料。按运载工具的高度,可分为地面遥感(如雷达探测)、低空遥感(如飞机探测)和高空遥感(如卫星探测)等。

(5)定点定时动态观测法

主要是常规的农业气象观测,包括作物观测、土壤水分观测、物候观测、畜牧观测和省级的果树观测、林业观测、蔬菜观测、水产养殖观测和农业小气候观测等。其中,作物观测是农业气象观测的重要组成部分,通过对作物的观测,鉴定农业气象条件对作物生长发育和产量形成及品质的影响,为农业气象情报、预报,以及作物的气候评价等提供依据,为高产优质高效农业服务。作物观测包括发育期观测、生长状况测定、生长量测定、产量结构分析、作物生长发育过程中农业气象灾害与病虫害的观测等。而进行土壤水分状况的测定,掌握土壤水分变化规律,对农业生产实时服务和理论研究及气候变化都具有重要意义。

(6)农业气象数值模拟法

即根据农业气象某些基本原理,假定一些模式参数,运用电子计算机进行运算,最终得出最佳的农业气象模式参数及其组合。

各类试验研究方法一般都辅以形态解剖和生理生化分析等实验室方法进行测定。通过形态解剖,可对生长在不同气象条件下的植物群体结构,个体生长发育状况及组织、器官、细胞间的差异进行分析测定;通过生理生化分析,可对不同气象条件下植物群体或个体的呼吸、光合、物质代谢、水分循环、气体交换等各种生理学或生物化学的变化特征进行测定。各类试验研究方法进行前须拟定试验研究计划和实施方案,合理设计试验因素和处理方法,根据试验设计技术估计并尽量减少误差,以求试验能得到客观可靠的结果。

1.5.2 资料整理

农业气象资料整理包括资料的审查、订正以及各种特征数的统计等,具体内容根据研究目的和分析要求确定。

1.5.3 资料分析

农业气象资料分析技术主要有:

（1）统计分析方法

包括数理统计学方法、模糊数学分析方法等。a.数理统计学方法。即将生物的生长发育和产量变化与气象条件之间的关系，看作是随机变量，利用相关和回归等分析方法建立统计模式。一元或多元回归方程式、积分回归方程式、两个或多个函数的阶乘函数式是常见的统计模式。b.模糊数学分析方法。即应用近代数学的模糊集概念，用综合隶属函数拟合、模糊类型识别、相似分析、聚类分析、综合评判等方法来研究农业气象中诸如农业气候区划、资源评价、作物气候适应区、产量年景展望等模糊性问题。

（2）数学物理方法

即以生物学过程的物质输送和能量转化与平衡为基础，根据实测（或计算）数据用数学物理方程式来模拟生物的生长发育和产量形成过程。这类模拟理论或动力学模式通常比统计学模式更能揭示生物和气象条件间的内在机制。

（3）对比分析方法

即对较为简单的农业气象问题，直接根据获得的平行观测数据或相应图表，分析气象条件对生物有机体生长发育、产量变化以及某些农业技术措施的利弊影响，从而得出有关的定量指标。方法简单，结果也较直观可靠。

1.6　当前农业气象研究面临的挑战、机遇与热点趋势

在我国，农业气象学作为一门年轻的学科，60多年来已取得了明显进展，但其理论基础研究仍显薄弱，与世界先进水平相比，还有一定的差距。为适应国民经济高速发展的需求，农业气象研究应与农业可持续发展相适应，同时也要全面地与国际接轨，这是我国农业气象学科所面临的挑战与机遇。

我国农业气象研究未来发展趋势主要为：a.农业气象灾害监测预警与防御调控技术研究；b.气候变化与农业生态—气象（气候）环境相互影响研究；c.生态环境气候资源区域优势的高效利用研究；d.作物生长动态模拟与卫星遥感、信息技术等高新技术的结合应用研究。

未来农业气象研究的发展取决于以下几个方面：a.更新观念，突破现有学科研究界限；b.加强基础理论研究；c.研发应用现代高新技术，包括卫星遥感技术、信息技术和计算机网络技术等。

第2章 农业气象学基础

农业气象学是研究农业生产与气象条件之间相互关系及其规律的科学。由于农业气象研究对象的复杂性和天气气候的多变性,农业气象工作者应当深入了解农业气象的基本理论基础,掌握农业对象与其赖以生存的气象条件之间的相互作用和相互反馈的规律,合理利用气候资源,趋利避害,进行农业气象服务,促进农业生产的可持续发展。

本章重点阐述农业生产与环境气象条件,如光、温度、水分和风等重要气象因子的关系。

2.1 太阳辐射与农业生产

2.1.1 研究意义

由于绿色植物通过光合作用所合成物质占其干重的 $90\%\sim95\%$,但是太阳辐射能投射到植物体上真正为植物所利用进行光合作用部分却很少,光能利用率低。因此,提高作物的光能利用率是农业生产中的一个十分重要的课题,也是农业气象学的主要任务之一。

2.1.1.1 植物的光学特性

植物本身有其特有的光学特性,植物叶片对光有反射、吸收和透射作用。a. 反射。投射到叶面的太阳辐射被直接反射到太空中去的部分称为外反射;进入冠层内部不能被叶片吸收,从投射一侧返回空气中的部分称为内反射;外、内反射之和称为反射。b. 吸收。进入叶片内部的太阳辐射被叶片吸收的部分称为吸收。c. 透射。进入叶片内部不能被叶片吸收,从投射对面一侧向叶外逸出的部分称为透射。影响叶片对光的反射、吸收、透射能力的因素有太阳光谱成分、生物种类,叶龄、叶片的表面形态、颜色,叶片的水分含量、光的投射角度、天气状况、季节、生育期等。因此,叶片对太阳辐射的反射率、吸收率和透射率存在着日变化、季节变化,不是一个定值,有一定的变化范围。

2.1.1.2 光的生物学意义及影响方式

太阳辐射对植物的作用主要是从光合效应、热效应和光的形态效应 3 个方面进行的,光还在相当程度上影响植物的地理分布。光影响植物的主要方式有光照时间的长短、光照强弱的不同和光谱成分的不同 3 个方面。

2.1.2 光照长度对作物的影响

首先区分日照长度和光照长度这两个概念,日照长度是指一个地方每天从日出到日落的日照时数,是该地各年之间较稳定的气候要素。光照长度包括日照长度及只有漫射光的多云天、阴天和曙暮光时段。

2.1.2.1 植物的光周期现象

白天光照和夜晚黑暗的交替以及其持续时间对植物开花的影响,这种现象称之为植物的光周期现象。有些植物需要长夜短昼才能开花,有些植物需要短夜长昼才能开花。

根据光照长度影响植物的开花情况,可以将植物分为长日性植物、短日性植物、中日性植物、中间型植物。

1)长日性植物:指只有在光照长度超过一个临界值(临界光长)时才开花,否则停留在营养生长状态的植物,如麦类、豌豆、亚麻、油菜、胡萝卜等原产于高纬度地区的作物。

2)短日性植物:指只有在光照长度短于一定临界值时才开花的植物,如水稻、玉米、棉花、大豆等原产于低纬度地区的作物。

3)中日性植物:指当昼夜长短的比例接近于相等时才开花的植物,如甘蔗等。

4)中间型植物:指开花受光照长度影响较小的植物,又称光期钝感植物,如西红柿、黄瓜等。

此外,还发现了一些特殊类型的植物,如长短日性植物(先长后短)和短长日性植物(先短后长)等。

引起植物开花的光照长度界限称之为临界光长(植物的临界光长不一定是每日 12 h)。长日性植物开花要求光照长度不能短于这个界限长度,而短日性植物开花不能长于这个界限长度。临界光长是植物识别合适季节的度量,其数值与生态环境有密切关系,它随着生态环境所处纬度的改变而改变。

植物的光周期反应不需要很强的光照,几个勒克斯的弱光,如曙暮光和路灯,都能起到延长光照长度的作用,对光周期有效,所以光周期反应与光合作用强度无关。当然如果光合作用强度长期过弱,植物获得的养分较少,花芽分化和形成受到影响,同样会降低开花效应。光周期反应中受温度的影响较小,但是温度的高低对开花的数量影响很大。

实际上,植物的光周期效应主要决定于连续暗期长度,而不是决定于光期长度或光暗期之比。短日性植物需要一定时间以上的连续暗期才能开花,如果期间暗期被光打断,植物仍然不能开花。

从实验(图 2.1)可以看出,即使给予足够长的暗期,如暗期中途给以"光中断",则暗期效果消失,而光期中途的"暗中断"处理则无变化。因此,在研究植物光照阶段的发育速度时,有人提出暗长积量的概念,即将光照阶段内每日暗期时间之和称为暗长积量,认为满足所需的暗长积量,作物才能完成光照阶段。

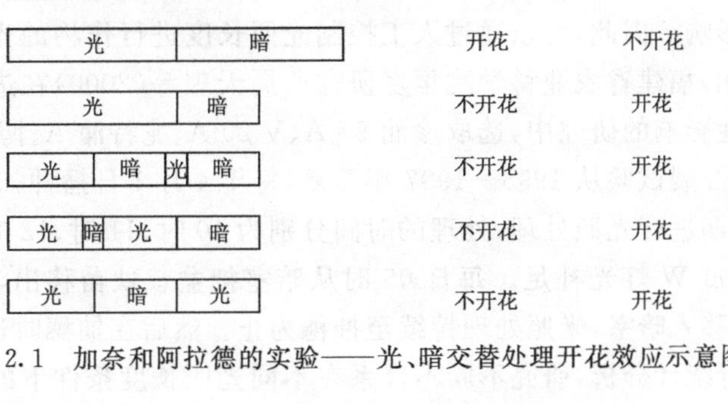

光照处理					开花效应	
0 8	16	24	32 (h)		短日性植物	长日性植物
光	暗				开花	不开花
光		暗			开花	不开花
光		暗			不开花	开花
光	暗	光	暗		不开花	开花
光	暗	光	暗		不开花	开花
光	暗	光			不开花	开花

图 2.1 加奈和阿拉德的实验——光、暗交替处理开花效应示意图

植物光周期性的形成与原产地发育期间自然光照的绝对长度和它的变化趋势有着十分密切的关系,这是植物长期适应原产地发育期间自然光照条件的结果。在人工选育的条件下,植物的光周期性也是可以改变的,比如水稻。水稻是短日照作物,缩短日照长度,可以加速其发育,幼穗分化提早,生育期缩短;延长日照长度,则可推迟其发育,幼穗分化延迟,甚至不分化,生育期延长,这种因日照长短而延长或缩短生育期的特性,称为水稻的感光性。水稻品种原产地不同,感光性也有差异。一般原产于低纬度地区的品种,其感光性强,缩短日照长度,可使其幼穗分化期明显提早,属于日照长度反应敏感型;原产于高纬度地区的品种,由于长期在温度较高、日照较长的季节生长发育,其感光性弱,对日照长度反应不敏感,甚至无感觉,称迟钝型。纬度相同而海拔高度不同,则海拔愈高的品种,由于温度愈低,适于生长的季节也愈短,水稻长期在长日照条件下生长发育,形成了对日照长度反应弱的特点。品种原产地相同,生长发育季节不同,其对日照长度反应也不同,早稻品种长期在日照长度较长或由短到长的条件下生长发育,故其感光性弱;晚稻品种在日照较短或日照逐渐缩短的条件下生长发育,故其感光性强,抽穗愈晚的感光性愈强。我国各地方品种,早稻一般感光性弱,中稻的感光性弱至中等,变幅较大,晚稻的感光性强。杂交水稻在生产上使用的一些组合,感光性中等,少数感光性强。水稻品种的感光性不仅反映在幼穗分化始期上,也表现在抽穗期上,有时即使幼穗已经分化,如遇日照长度变长,也会延迟幼穗发育和抽穗。继续给予短日照处理,仍可促进提早抽穗。水稻品种感光性的强弱是由水稻品种在短日照条件下比长日照条件下提早抽穗的程度,即短日照促进率来确定的。短日照促进率大,则感光性强;反之,则感光性弱。

衡量作物感光性强弱的指标主要有对临界光长的要求、感光系数或感光指数、出穗促进率3种。a. 对临界光长的要求。一般地,感光性强的品种或作物对临界光长的要求比较严格,而感光性弱的品种要求不严格或不明显。b. 感光系数或感光指数。指发育速度随光照时数而变化的程度,即播种期相差一天,相应的生育期天数的差值。差值越大,则表示该品种的感光性越强;反之,则表示该品种的感光性越弱。c. 出穗促进率。将温度相近但光照长度相差较大的两地同一品种在同一播种期下的出穗天数之差与光照长度较长之地出穗天数之比的百分数定义为出穗促进率。出穗促进率大,则表示短日照促进出穗的作用大,称为感光性强;反之,称为感光性弱。

对光照长度对植物发育影响有不同的看法,归纳起来主要有:光周期学说、光照阶段学说、光谱成分学说或光质学说、光敏色素学说等。

2.1.2.2　光周期对植物生长发育的影响

光周期对植物营养生长的影响不大,主要是通过影响光合作用的时间来影响到植物的营养生长。光周期最明显的作用就是对植物开花的诱导效应,而开花的早晚会对作物的生长发育及产量产生重要影响。因此,可以通过人工控制光照长度进行作物的光周期特性研究和达到生产的目的。比如,福建省农业科学院稻麦研究所周天理等(2000)在进行光照长度对三系杂交水稻不育系育性影响的研究中,选取珍汕97 A、V 20 A、龙特浦A、博A 4个籼型不育系,对其进行育性研究,开展试验从1995—1997年重复,每年4月1日播种,5月1日插秧,6叶期时移入盆中,从7叶期进行光照处理,处理的时间分别为10时、11时、12时、13时、14时,当光照长度不够时,用100 W灯光补足。每日05时从暗室把盆栽秧苗移出,15时按处理时间要求,逐步把盆栽秧苗移入暗室,光照处理持续至抽穗为止。然后在抽穗时进行育性检查。最后对育性检查结果进行统计分析,研究不同不育系在不同光照长度条件下的育性表现。根据光周期理论,同一作物的不同品种对光周期反应的敏感性不同,所以在育种时,应注意亲本光周期敏感性的特点,一般选择敏感性弱的亲本,其适应性强些,利于良种的推广。

2.1.2.3　光周期学说在农业生产中的应用

（1）作物引种

光周期学说应用于作物引种时应考虑作物本身的特性和引种地的气候条件,尤其是光照条件和温度条件。a.短日性作物的北方品种向南引种时,因光照变短、温度升高,会导致生育期缩短,可能出现早穗现象。南方品种向北引入时,因光照变长、温度降低,会导致延迟成熟,甚至不能抽穗开花。b.长日性作物的北方品种向南引种时,一般延迟成熟;而南方品种向北引入时,一般提早成熟;但生育期是否延长或者缩短,还要综合考虑其光温特性。c.纬度和海拔相近地区相互间引种,光照、温度条件大致相似,较易成功。d.同一地区平原与高原相互引种,日照条件无变化,其延长或缩短生育期的日数,决定于高度差引起的温度变化。e.同一地区早中稻作晚稻种植时,提早成熟;而晚稻早播时,延迟成熟。因此,在双稻区,早稻可用作晚稻栽培,而晚稻不能用于早稻栽培。

（2）作物育种

杂交育种常常因亲本花期不一,给育种工作带来困难,而采用人工光照处理即可解决这一问题。根据亲本对光照时长的反应特性人为地延长或缩短光照时间,以便使亲本延迟或提早开花,促使花期相遇。

另外,了解光照长度对植物的影响,对防御农业气象灾害也有作用,主要是"躲"。例如,连续阴天或寡照导致光照不足,设施大棚作物不能进行正常的光合作用,养分积累减少,导致植株黄化,生长不旺盛或生长停滞、落花落果等,此时可通过适当补充光照、减少作物的避阴来改进作物生长发育的光照环境条件,使作物生长更快,品质更佳。而利用作物长短日照的特性,可促进所需营养器官的发育,从而提高产量,主要是延长生育期。

2.1.3　光照强度对作物的影响

光合作用是植物生长发育和产量形成的物质基础,而没有光便没有光合作用。因此,光照强度对植物生长发育的影响主要是通过对光合作用强度的影响来体现的。

2.1.3.1　植物光合作用

植物光合作用（photosynthesis）是绿色植物利用光能将其所吸收的 CO_2 和水同化为有机物并释放出 O_2 的过程。绿色植物与大气间 CO_2 和水汽交换的主要窗口是气孔,大气中的 CO_2 通过扩散作用经过气孔,进入细胞间隙,再进入叶绿体内,参与生化反应而被同化固定。

2.1.3.2　光照强度与光合作用

光照强度与光合作用强度的关系,见图 2.2。植物光合作用强度在很大程度上取决于光照强度,如图 2.2（a）所示。光照强度与光合作用强度关系呈双曲线型,当然这种关系会因植物群体的繁茂程度而有明显差异（图 2.2（b））,且不同植物的光照强度—光合作用强度曲线不尽一致。

（1）光饱和点

从图 2.2 中可以看出,在一定的光照强度范围内,光合作用强度随着光照强度的增强而增强。当光照强度达到一定强度后,光合作用强度不再相应地增强,而是趋近于一条渐近线,这种现象称为光饱和现象。这个光的临界点称为光饱和点。若光照强度高于光饱和点,不仅不会使植物的光合作用强度增强,反而会导致叶温度升高、气孔关闭,叶绿素钝化、分解、破坏及植物组织灼伤,使光合作用强度下降。所以在实际测量光合作用强度时,光照强度过高时的光照强度—光合作用强度曲线会呈抛物线状。

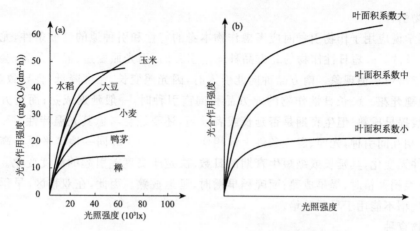

图 2.2　植物光合作用与光照强度之间的关系

(a)各种植物光照强度—光合作用强度曲线(CO₂ 浓度为 0.03%),

(b)不同叶面积系数的光照强度—光合作用强度曲线

(2)光补偿点

在光合作用进行的同时,植物的呼吸过程也在进行。把植物的光合作用强度和呼吸作用强度达到相等时的光照强度值称为光补偿点。在这一光照强度下,光合作用制造的产物与呼吸作用消耗的产物相等;或者说同一叶片在同一时间内,光合过程中吸收的 CO_2 和呼吸过程中放出的 CO_2 等量。当光照强度在光补偿点以上时,植物可以积累有机物质;处于光补偿点时,植物无干物质积累;而长期处于光补偿点以下时,植物的干物质积累小于支出,植物便会因饥饿而生长不良,甚至死亡。

不同的作物(如喜阴、喜阳、C3、C4)、同一作物的不同品种、同一品种的不同发育期及不同部位叶片的光饱和点和光补偿点不同。植物群体的光饱和点和光补偿点均高于单叶。此外,光饱和点和光补偿点还因温度、水分、CO₂ 浓度等因子的不同而变化。

2.1.3.3　光照强度不足对植物生长发育的影响

(1)对植物生长的影响

①弱光下,叶片薄,叶面积增长快。

②光照强度不足,茎的生长加速,植株伸得很长,并将影响根系发育,导致根系生长不良,浮在土壤上层。

上述两个方面导致大田作物出现倒伏现象。

③光照强度过弱,导致植物茎秆细弱,节间拉长,使植物体内机械组织和疏导组织退化,叶片呈淡黄色,分枝减少。

④不同生长期光照强度不足,影响的植物器官不同,不同品种对光照强度不足的反应也有差异。

总体上说,光照强度不足使光合积累少,因而导致减产。

(2)光照强度不足对植物发育的影响

①光照强度过弱,植物体内营养物质积累少,阻碍植物发育速度,延迟开花结果。

②光照强度过弱,植物体内营养物质积累不足,导致花芽因发育不良而早期退化或者死亡,引起减产。

③光照强度不足,光合积累少,蛋白质、糖分等含量降低,产品质量变差。

2.1.3.4 日照时数

日照时数是指太阳在一地实际照射的时数。在一给定时间内,日照时数定义为太阳直接辐照度达到或超过 120 W/m² 的各段时间的总和,以小时(h)为单位,取 1 位小数。日照时数也可称实照时数。日照时数主要用于表征当地气候、描述过去天气状况等,一地的日照时数的多寡直接影响当地的温度和降水。

日照时数直接影响光合作用的时间长短。因此,日照时数是影响作物生长发育及产量形成的重要因素。在进行农业气象服务与试验时,都要进行日照时数的观测、统计与分析,一般采用当地气象站的观测资料。比如,在进行农业气象旬(月)报编写时,累计当旬(月)逐日日照时数,然后与历年的当旬(月)日照时数进行比较,结合当季农作物的生长状况给出分析结论,提供农业气象服务措施。在编制作物全生育期气候条件综述时,对作物各个生育时段及全生育期的日照时数进行统计,结合该作物的生长发育及产量情况进行分析,合理解释该作物的丰歉原因。在农作物物候期预报、农业气象条件预报、农作物病虫害预报、农作物年景和产量预报等预报模式的建立过程中,日照时数也是一个要考虑的主要因子。农业气象资源分析和区划中,生育季节日照时数及年际间差异是影响作物布局的重要因素。在进行农业气象试验时,日照时数也是一个不可或缺的因子。总的来说,一地的日照时数是相对稳定的,但是由于全球气候变化的影响,还要考虑其变化趋势。

张浩(1982)通过对延安市的日照时数与粮食产量进行分析,得出结论,延安市的年日照时数与气候产量为反相关。明显的气候歉年几乎均出现在日照时数偏多年份,而日照时数偏少年却基本为气候丰年。其原因在于延安日照时数多,温度高,作物蒸腾耗水大,在灌溉条件与农业生产需求不相适应的情况下,旱情加重,造成粮食减产。日照时数少,灌溉需求小,反而可以增产。根据研究结果,可以为当地农业生产及提高光能利用率提出农业技术改进措施,充分利用光资源,夺取稳产高产。

2.1.4 光谱成分对植物的影响

2.1.4.1 太阳光谱成分

太阳辐射主要包括无线电波、红外线、可见光、紫外线、X 射线、γ 射线和宇宙射线等几个波谱范围。到达地球表面的太阳辐射主要为紫外线、可见光和红外线。

2.1.4.2 太阳光谱成分对植物的影响

自然条件下,绿色植物在进行光合作用制造有机物质时,太阳辐射是唯一的能源,但是并非全部波长的太阳辐射都能被植物的光合作用所利用。不同波段的太阳辐射对植物的光合效应、热效应和光的形态效应等方面各自起着重要作用。

(1)紫外线对植物的影响

紫外线(10～400 nm)又可分为短紫外线和长紫外线,短紫外线(10～290 nm)对植物有杀伤作用,但大部分被臭氧层吸收,一般达不到地面。大多数学者认为,长紫外线(290～400 nm)对植物不起明显作用。

(2)可见光(光合有效辐射)对植物的影响

植物对太阳辐射的吸收和利用是有选择性的。在植物学中,把决定着最重要的植物生理过程(包括光合作用、色素合成、光周期现象和其他植物生理现象)的光谱区称之为辐射的生理有效区,或称为生理辐射。使得光合作用进行的光谱区辐射,称为光合有效辐射(photosynthetically active radiation,PAR)。光合有效辐射的波段大体与可见光(400～760 nm)范围一致,即400～700 nm(欧美)或380～710 nm(俄罗斯)。一般地,光合有效辐射约占太阳总辐射的50%。

在这个波长范围内,量子的能量可使叶绿素分子处于激发状态,并将自己的能量消耗在形成处于还原形式的有机化合物上,使光合作用得以进行。光合有效辐射属于短波辐射,其波长范围包含在生理辐射波长的范围内。光合有效辐射占太阳直接辐射的比例随太阳高度角的增加而增加,最高可达45%。而在散射辐射中,光合有效辐射的比例可达60%～70%,所以多云天反而提高了PAR的比例。

可见光(400～760 nm)通常又可分为蓝紫光、黄绿光和红橙光3个部分。蓝紫光(400～510 nm),叶片吸收较多,光合作用活性较强,可以促进蛋白质、脂肪的合成,但其效率只及红橙光的一半,但大多数情况下会延迟植物开花。黄绿光(510～610 nm),叶片吸收很少,光合作用活性也最弱。红橙光(610～710 nm),叶片吸收最多,光合作用活性最强,光合作用效率最高,可以加快光周期过程,使植物的开花过程能以最快的速度完成;还能最大限度地促进植物光合作用以及肉质直根、鳞茎、球茎的形成过程,对作物产量形成作用最大。

因此,在实际生产中,要根据生产目的,结合各种光谱成分对作物的影响,合理设计光源。由于蓝光能促进绿叶生长,红光有助于开花结果和延长花期,所以在大棚蔬菜和园艺花卉的生产中,如果要提高茎叶产量,蓝光的比例适当高些,一般采用红蓝光比例为5∶3的发光二极管(light emitting diode,LED)灯,当要促进开花结实时,红光比例高些,则一般采用红蓝光比例为5∶1的LED灯比较好。当然这个比例不是固定的,要根据实际需要进行调整。

(3)红外线对植物的影响

红外线(760～3000 nm)又可分为近红外辐射和远红外辐射两部分。近红外辐射(760～1000 nm),主要是对植物具有特殊的伸长作用,另有光周期反应。远红外辐射(>1000 nm),主要是产生热效应,不参与植物的光化学反应。外界环境温度愈低,红外线的热效应愈大,在气温较低的高原地区,通常可使叶温度高于气温3～5 ℃。

根据不同光谱成分对植物生长的影响,可以通过人工改变光质以改善作物的生长状况。多年来有色薄膜在农业上的应用,已经取得了良好的效果。

2.1.5　光能利用率及其提高途径

2.1.5.1　光能利用率

光能利用率是指投射到作物表层的光合有效辐射能被植物转化为化学能的比率。一般是用一定时间内、一定土地面积上作物增加的干重所折合的热量与同一时间内投射到同一面积上的光合有效辐射量的比值来表示。

在植物生长发育过程中,光合作用进行的同时存在着呼吸作用,呼吸作用要消耗一部分有机物质,加上作物群体的反射、漏射以及其他光的损失等,综合各种因素,吸收光能利用率10%是有希望达到的最高理论数字,而在现实生产中,光能利用率一般在 $0.5\%\sim3.0\%$,为夺取作物优质、高产、高效,就要提高光能利用率。

2.1.5.2　限制光能利用率的因素

要想找到提高作物光能利用率的途径,首先要了解其限制因子。限制光能利用率的因素主要有:a.作物生长初期覆盖率小,光的漏射、反射和透射损失较多;b.群体结构和叶片组织本身造成的损失,作物群体内光分布不合理;c.作物遗传特性的限制,光能转化率低;d.中高纬度地区农业受冬季低温的限制,生长季短造成的损失;e.生长季内,外界环境条件的限制,不良的温度与水分等大气条件使气孔关闭,影响 CO_2 的有效性与植物的其他功能。另外,空气中 CO_2 含量低、作物本身前期积累的营养物质的缺乏、自然灾害、病虫、经济系数等都是限制光能利用率的因子。

2.1.5.3　提高光能利用率的途径

提高光能利用率要从内因和外因两方面来考虑。内因是通过调节和控制植物光合作用的生理机制,从植物本身去想办法。外因则是通过农业技术措施来改善农田的微气象条件,从而在不同程度上削弱或加强其影响,以提高光能的转换效率。提高光能利用率的途径主要体现在以下几个方面。

(1)改革种植制度,充分利用生长季节

①间套复种,在条件允许的地方可以推行间套复种方法,因为间套复种能延长生长季节,使田间经常有一定作物覆盖。比如小麦、玉米与高粱三茬套种(如果温度条件许可),其全年的叶面积是此起彼伏,交替兴衰。此外,间套复种能合理用光,因为间套作田间的作物配置常采用高、矮秆相间,宽、窄行相间的方式。

②行向、行距。假设太阳高度角不变,当光线顺行的方向照射时,行间因不受作物遮挡,所以该行向行间的光照条件比其他行向的行间为好。但对行内的作物而言,情况正好相反,光线顺行照射时植株间相互遮阴最严重,故光照条件反比其他行向差,当光线垂直于行向照射时,行间因受作物遮阴,光照条件差,但行内植株间彼此遮阴少,故光照条件较好。另外,行向的效应将随纬度、季节、天气与种植方式等而异,故关于哪种行向更好的结论不尽相同。

(2)改进栽培管理措施

要想提高单位叶面积的光合生产率,应从改进栽培管理措施着手。适宜的水肥条件是提高单位叶面积光合生产率与生长适宜叶面积的重要物质基础。另一方面,水肥还通过影响叶面积的多少,影响群体通风透光条件,而通风透光又是提高单位叶面积光合生产率的重要条件,对于高产群体,问题尤为突出,所以水肥措施对提高植物光能利用率有着综合的影响。采用育苗移栽(如水稻)以充分利用季节与光能,采用中耕、镇压、施用化学激素等药品与整枝等措施,以调整株型,改良群体内的光照与其他条件;或抑制光呼吸,以提高光能利用率。加强机械化以最大限度地缩短农耗时间,以及精量播种、机械间苗以减少郁蔽,用化学药剂整枝以调节株型叶色等,对提高光能利用率都将起一定作用。

(3)选育优良品种

选育合理株型、叶型、较适合高密度种植而不倒伏的品种,是提高光能利用率的重要措施之一。从叶型来说,一般斜立叶较利于群体中光能的合理分布和利用,由于叶斜立,使单位面积上可以容纳更多的叶面积。另外,斜立叶向外反射光较少,向下漏光较多,可使下面有更多的叶片见光。在太阳高度角大时,斜立叶每片叶子受光的强度可能不如垂直对光的叶,但光合作用一般并不需要太强的光照,换言之,同样的光能分布到更大的叶面积上,这对光合作用有一定好处,因其使更多的叶面利用光能进行同化。如果作物植被的上层叶为斜立叶,中层叶为中间型,下层叶为平铺型,将使群体光能利用率最好。理想叶的分布应为:上层叶占50%,叶与水平面呈60°~90°;中层叶占37%,叶与水平面呈30°~60°;下层叶占13%,叶与水平面成30°。选育株型紧凑的矮秆品种,群体互相遮阴少,耐肥抗倒,生育期短,形成最大叶面积快,叶绿素含量高,以提高光能利用率,是选种方向之一。培育光呼吸作用低的品种,或用筛选法从光呼吸植物中选择光呼吸很低的植株培育成新品种,也是提高光能利用率的一种途径。

(4)改造自然与充分利用地区的光能资源

我国的太阳辐射资源很丰富,大部分地区的太阳辐射年平均值为 $4.20×10^9$ J/(m²·a),最高值在青藏高原,大部分为 $7.80×10^9$ J/(m²·a),居世界前列,若能解决热量不足问题,充分利用辐射资源,其增产潜力是巨大的。海南岛的太阳辐射不但丰富,且水热资源也很优越,其生产潜力最高;藏南谷地、广东东部沿海、西昌、丽江等地区仅次于海南。塔里木、柴达木盆地,赣江流域、鄱阳湖盆地等的太阳辐射条件均较好,前者如果能解决灌溉水源,后者如果能改良红壤土,则可充分利用太阳能,都将成为高产区。

2.2 热量条件与农业生产

2.2.1 温度的生物学意义

温度是生物生存的重要条件之一。动植物的生长发育通常在一定的温度下开始,而且要累积到一定的数量才能完成其生命周期。温度与农业生产密切相关,温度影响植物的地域分布、生长发育以及产量的形成,温度的日变化和季节变化不仅影响植物的产量,还对其品质有很大影响,温度还与植物病虫害的发生发展有关。温度影响动物的生活习性、生殖发育活动及畜产品产量和品质。动植物在不同生长发育阶段对环境温度有不同的要求,一旦出现超过所能忍受的高温或低温,就会遭受危害。

热量条件对农业生产的影响是通过温度强度(高、低)、持续时间(累积)和变化规律(周期性)3个方面产生的。

2.2.2 温度对作物的影响

2.2.2.1 三基点温度

农业生物的生命活动只能在它们所需要的温度条件范围内进行,过高或过低,都会对其生命活动产生不利影响,严重时甚至会导致其死亡。作物的三基点温度是作物生命活动过程的最低温度、最适温度和最高温度的总称。最低温度是维持生命、生长或发育的下限温度;最适温度是生命活动进行最快时的温度;最高温度是维持生命、生长或发育的上限温度。a.下限温度(生长或发育)。所谓作物发育的下限温度,是指作物发育过程将要停止但生长仍可维持时的温度。不同作物品种和发育期,发育的下限温度也不一样。所谓作物生长的下限温度,是指在这个温度影响的一定时间内作物不能继续生长但也不受伤害的温度。不同作物生长的下限温度相差较大,由于在低温时生长速度很慢,因而生长的下限温度难以确定。在低于生长下限温度时,作物生命可以维持,但若继续降低到引起作物死亡,这时的温度称为维持生命的下限温度。b.最适温度。维持作物最快生长或发育速度的温度称最适温度。当温度高于最适温度时,作物生长或发育的速度反而减慢。c.上限温度(生长或发育)。所谓作物发育的上限温度,是指作物发育过程将要停止但生长仍能维持时的温度。所谓作物生长的上限温度,是指作物不能继续生长但不受伤害时的温度。作物在高于生长上限温度时,还可以生活,但若温度再增高,作物便将死亡,这个温度就是所谓维持生命的上限温度。大多数作物的生命上限温度在45~55 ℃,而在我国的气候条件下这样高的温度出现机会很少。

不同作物的三基点温度是不同的(表2.1)。

表 2.1　主要作物生长三基点温度　　　　　　　　　　　　　　　单位:℃

作物种类	下限温度	最适温度	最高温度
小麦	3~5	20~25	30~35
玉米	8~10	25~32	42~45
水稻	10~12	25~32	38~40
棉花	14~15	25~32	42~45

同一种作物不同品种的三基点温度不同;同一种作物品种不同生育期的三基点温度也有差异,如水稻(表2.2)。

表 2.2　水稻主要生育期的三基点温度　　　　　　　　　　　　　单位:℃

生育期	最低温度	最适温度	最高温度
种子发芽期	10~12	20~30	40
苗期	12~15	26~32	40~42
分蘖期	15~16	25~32	40~42
抽穗成熟期	15~20	25~30	40

虽然作物生命活动的三基点温度受作物种类、生育时期、生理状况的影响而各不相同,但各作物的三基点温度仍有其共同的特征:a.最高温度、最低温度和最适温度都不是一个具体的温度数值,而是有一定的变化范围。b.无论是对作物生存或生长和发育而言,其最适温度基本上是同一个变幅范围。c.各种作物的最低温度的最低点之间差异很大,最低温度距最适温度的离差范围也很大。但最高温度差异较小,最高温度与最适温度的离差也较小。

三基点温度在确定温度的有效性和作物种植季节,以及在计算作物生长发育速度、光合潜力与产量潜力等方面,都得到广泛应用。除此之外,还可根据各种作物三基点温度的不同,确定其适应的区域,如C4植物由于适应较高的温度和较强的光照,故在中纬度地区可能比C3植物高产,而在高纬度地区,C3植物则可能比C4植物高产。

比如,在进行农业生产时,经常提到适时播种就是作物三基点温度的应用。对于春播作物而言,要在该作物能忍受的最低温度范围和出苗发芽最适宜温度时段内播种。特别的要考虑作物本身全生育期的长短,利用适宜作物生长发育的温度时段和避开不利的温度时段,获得稳产高产。夏收作物要避开夏季高温危害、秋收作物要避开后期的低温冷害等。对于作物的生长,在最适温度下生长迅速而良好,在最低温度和最高温度下作物停止生长,但仍能维持生命而不受害。如果温度继续降低或者升高,作物就会逐渐受到不同程度的危害直至死亡。所以在三基点温度之外,还有作物的受害温度(受害高温或受害低温)以及致死温度(致死高温或致死低温)。这就是通常所说的五基点温度或者七基点温度。

作物在其整个生命过程中,首先要维持生命;在维持生命的前提下才能生长;在生长量变的基础上,才能进行质变即发育。因此,作物维持生命、适宜生长和保证发育分别有 3 个温度范围(图 2.3)。

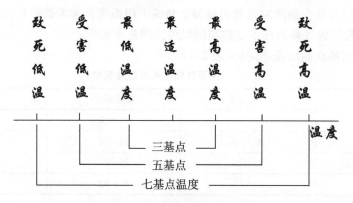

图 2.3 作物三基点、五基点或七基点温度范围示意图

作物维持生命的温度范围最宽,保证发育的温度范围最窄,适宜生长的温度范围在两者之间。无论是生存、生长还是发育,最适温度基本上是在同一变幅范围内,差异很小。而各种作物最低温度的最低点差异很大,如小麦等耐寒作物可以忍受 −20～−10 ℃的低温,而水稻、玉米、棉花等喜温作物却不能忍受 0 ℃的低温;且最低温度与最适温度的差值较大,一般可达 20 ℃,有些作物甚至高达 40 ℃。各种作物的最高温度指标差异较小,如耐寒作物与喜温作物最高温度的差值不超过 10 ℃;且各种作物最高温度与最适温度指标也较接近,一般相差几度,不超过 10 ℃(图 2.4)。

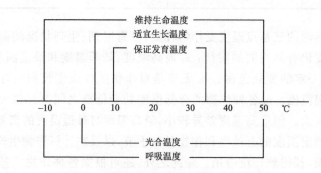

图 2.4 作物生命活动的基本温度示意图

在我国的农业生产过程中,最低温度远较最高温度出现的概率大。因此,在我国的农业气象灾害中,低温危害比高温危害更为常见,对农业的生产影响也更大。

2.2.2.2 界限温度

所谓界限温度,即农业界限温度,又叫作指标温度,是表明某些重要现象或农事活动开始、终止的温度。常用日平均气温稳定通过一定的摄氏度来表示。而所谓界限,完全是根据农业生产和气象条件的关系来划定的。农业上常用的界限温度主要有 0 ℃、5 ℃、10 ℃、15 ℃ 和 20 ℃ 这 5 种,分别表示了不同的农业意义。

0 ℃:土壤冻结和解冻,农事活动开始或终止。冬小麦秋季停止生长和春季开始生长(有人采用 3 ℃),冷季牧草开始生长。0 ℃ 以上持续日数为农耕期。

5 ℃:早春作物播种,喜凉作物开始或停止生长,多数树木开始萌动。冷季牧草积极生长。5 ℃ 以上持续日数称生长期或生长季。

10 ℃:春季喜温作物开始播种与生长,喜凉作物开始迅速生长。常称 10 ℃ 以上的持续日数为喜温作物的生长期。

15 ℃:喜温作物积极生长,春季棉花、花生等进入播种期,可开始采摘茶叶。稳定通过 15℃ 的终日为冬小麦适宜播种的日期;水稻此时已停止灌浆;热带作物将停止生长。

20 ℃:水稻安全抽穗、开花的指标,热带作物正常生长。

另外,各地区也经常针对当地具有普遍意义的重要物候现象或农事活动,确定某些补充的界限温度。例如,以 3℃ 代表冬小麦返青、8 ℃ 代表玉米播种、12 ℃ 代表早籼稻播种等。

界限温度的出现日期、持续日数对确定地区的作物布局、耕作制度、品种搭配等都具有十分重要的意义。具体可以分析和对比年际间与地区间差异,分析各年间稳定通过某界限温度日期的早晚,可用来比较当年冷暖的早晚及对作物的影响;分析同年内稳定通过两界限温度之间的间隔日数(如春季稳定通过 0 ℃ 日期到稳定通过 5 ℃ 日期之间的间隔日数),可以了解当年升温与降温的快慢缓急,分析其对作物的"利"(如春季 0～10 ℃ 的间隔日数较长对小麦穗分化有利)与"弊"(如秋季 5～0 ℃,0～-5 ℃ 的间隔日数太短对小麦越冬锻炼不利)等;另外分析春季到秋季稳定通过某界限温度日期之间的持续日数(如从春季稳定通过 5 ℃ 到秋季稳定通过 5 ℃ 的持续日数)可作为鉴定当地生长季长短的标准之一,也可与无霜期指标结合使用,相互补充。例如,青海赛什克海拔高度为 2800 m,≥5 ℃ 生长季为 120 d 左右,绝对无霜期仅 24 d,大麦可以成熟,春小麦受无霜期限制而不能成熟。可见,对大麦来说,应侧重考虑≥5 ℃ 生长季的影响,而对春小麦来说,应着重考虑无霜期的限制。使用时宜灵活掌握。

2.2.2.3　温度强度与作物的生长发育

作物生长或有机体的物质积累是在连续的、同时进行的两个相反过程即光合过程与呼吸过程中形成的。因此,温度强度是通过对光合作用和呼吸作用的影响进而对作物的生长发育产生影响的。

一般认为,在一定的温度范围内,温度对于主要生命过程的影响基本上服从范霍夫定律(Vant-Hoff),即温度每升高 10 ℃,反应速度会增加 1 倍,即

$$Q_{10} = K_{T+10}/K_T = 2 \tag{2.1}$$

式中,K_T 和 K_{T+10} 分别是温度为 T 和 $T+10$ 时的化学反应速率,Q_{10} 为温度升高 10 ℃ 后与原温度下化学反应速率之比值,称为温度系数。

这个定律仅在一定的温度范围内才有效,不能完全应用在作物的全部生命过程中,因为随着温度的升高,作物生命过程最初是加快的,但是当温度超出一定界限时,光合作用和呼吸作用就减弱下来,如果温度进一步升高时,光合作用和呼吸作用就会完全停止。

从图 2.5、图 2.6 中可以看出,光合作用和呼吸作用也有它们的三基点温度,但呼吸作用的最适温度比光合作用的高。不同作物的光合作用强度与温度的关系不完全相同,但各种作物"光合作用强度—温度"曲线的一般形状是基本一致的;而且"光合作用强度—温度"曲线和

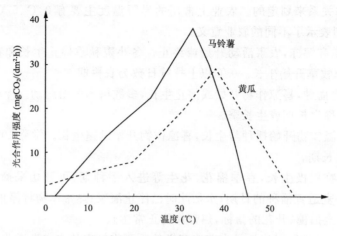

图 2.5　光合作用强度—温度曲线(Lundegardh,1954)

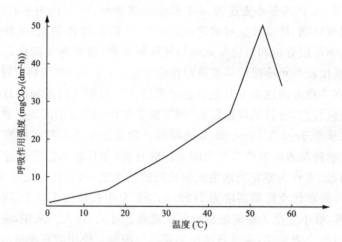

图 2.6　呼吸作用强度—温度曲线(Lundegardh,1954)

"呼吸作用强度—温度"曲线的变化趋势近似。

温度还通过影响植物蒸腾作用来影响植物的光合作用。

值得注意的是,温度对作物生长的影响,除受环境条件及农业技术措施等影响外,还应该考虑到作物本身的生理机能。例如,C3 植物的适宜温度是 $20\sim25$ ℃,而 C4 植物的适宜温度是 $30\sim35$ ℃。因此,C3 植物在高温条件下光合作用受限制,而 C4 植物在低温条件下光合作用受限制。

温度对作物生长的影响还与其前期温度条件密切相关,如果前期温度高,那么后期光合作用所要求的温度也较高,如果前期温度低,经历低温锻炼后,其后期则能适应低温条件。

2.2.2.4　春化作用

一般把单子叶植物必须经历一段时间的持续低温才能由营养生长阶段转入生殖阶段生长的现象称为春化作用。

春化低温对越冬植物成花的诱导和促进作用:冬性草本植物(如冬小麦)一般于秋季萌发,经过一段营养生长后度过寒冬,于第二年夏初开花结实。如果于春季播种,则只长茎、叶而不开花,或开花大大延迟。这是因为冬性植物需要经历一定时间的低温才能形成花芽。冬性作物已萌动的种子经过一定时间低温处理,则春播时也可以正常开花结实。冬性禾谷类作物(如冬小麦)、二年生作物(如甜菜、萝卜、大白菜)以及某些多年生草本植物(如牧草)都有春化现象,这是它们必须等到次年才能开花的基本原因。

　　低温是春化作用的主导因子,通常春化作用的温度为 0～15 ℃,并需要持续一定时间,不同作物春化作用所需要的温度不同,如冬小麦、萝卜、油菜等为 0～5 ℃,春小麦为 5～15 ℃。一般而言,植物春化作用需要的温度越低,需求的时间也越长。例如,中国 33°N 以北的冬性小麦,要求 0～7 ℃ 的低温,持续 36～51 d,才能通过春化,而 33°N 以南的品种,在 0～12 ℃,经过 12～26 d,就可通过春化作用。冬性一年生植物(如冬小麦)对低温是一种相对需要,一般适当降低或延长春化作用时间,可缩短种子萌发至开花的时间。如不经历低温,延迟开花,而一些二年生植物对低温的要求是绝对的,不经历低温就不能开花,如甜菜。当然,足够的水分、充足的氧气、足够的养分也是春化作用必须具备的条件。

2.2.2.5　温度条件与作物引种

　　作物引种除考虑土壤、肥力和农业技术措施等条件外,一定要遵循气候相似原理,特别是要充分注意到温度条件的相似性。

　　根据作物对温度条件的要求以及引种成败的经验教训,作物引种有下列 3 条规律:

　　一是北种南引(或高山引向平原)比南种北引(或平原引向高山)容易成功。因为后者是作物能否成活的问题,而北种南引则主要是温度可能影响产品质量问题。所以,北种南引时虽然较易成功,但要注意保证品质。

　　二是一年生植物要比多年生植物引种容易成功,落叶植物要比常绿植物引种容易成功,草本植物要比木本植物引种容易成功,灌木要比乔木引种容易成功。

　　三是温度对植物生长的作用在一定程度上是相对的,各种植物都有一定的适应性,因此,在植物引种过程中,存在着气候驯化现象。

2.2.3　积温对作物的影响

2.2.3.1　积温的概念

　　法国科学家莱蒙(Reaumur)在 1735 年指出,植物完成一定发育阶段及作物从播种到成熟需要一定的积温(accumulated temperature)。随后有研究者用生育期内平均温度与天数的乘积表示作物从播种到成熟需要的"热总量",所以积温是指作物生长发育阶段内逐日平均气温的总和。积温是表征地区热量的标尺,常作为气候区划和农业气候区划的热量指标,以衡量该地区的热量条件能满足何种作物生长发育的需要,因此,积温的单位可以是℃,也可以为℃·d。

　　随着积温应用的发展,积温学说出现以下 3 个论点:a. 在其他条件基本满足的前提下,温度对作物的发育起主导作用,且假定发育速度—温度的关系为线性关系;b. 作物开始生长发育要求一定的下限温度,在高温季节完成的发育期还存在上限问题;c. 作物完成某一阶段的发育要求一定的积温。

　　假设某一作物生长的下限温度为 0 ℃,出苗到开花要求 600 ℃·d 的积温,如生长期间日平均温度为 15 ℃ 时,从出苗到开花需 40 d,日平均温度为 20 ℃ 时,则从出苗到开花只需 30 d。温度低则发育慢,温度高则发育快,尽管地点、年代不同,其完成发育所要求的积温应基本一致。这里所说的"生长"是指量变,如作物的株高与干物质的增长等;而"发育"是指质变,即作物由种子经萌发、出苗到开花、结实,再形成种子的一系列质变过程。

通常使用的有活动积温和有效积温两种。

2.2.3.2 活动积温与有效积温

(1)下限温度(B)(生物学零度)

作物开始生长发育要求一定的下限温度,实际上是作物生长发育的起始温度,又称为生物学零度。当日平均气温高于下限温度时对作物生长发育有效;等于或低于下限温度则无效,即对作物的生长发育来说是零度。

(2)活动积温(一般简称积温)

为大于某一临界温度值的日平均气温的总和。如日平均气温≥0 ℃的活动积温和日平均气温≥10 ℃的活动积温等(表2.3)。某种作物完成某一生长发育阶段或完成全部生长发育过程,所需的积温为一相对固定值。其计算式如下:

$$A_{a} = \sum_{i=1}^{n} T_{i} \tag{2.2}$$

式中,A_a 为活动积温,T_i 为活动温度且 $T_i > B$(B 为下限温度);当 $T_i \leqslant B$ 时,$T_i = 0$,即活动积温为0。

表 2.3 主要作物不同品种所需>10 ℃的活动积温　　　　　单位:℃·d

作物	品种类型			
	早熟	早中熟	中熟	晚熟
水稻	2100~2500	2900~3100	3200~3400	3900
棉花	3000~3300	——	3400~3600	3700~4000
玉米	2100~2200	2300~2400	2500~2700	≥3000
高粱	2100~2200	2300~2500	2600~2800	≥2800
谷子	1700~1800	1900~2100	2200~2400	2500~2600
大豆			2500	≥2900
马铃薯	1000		1400	1800

(3)有效积温

扣除生物学下限温度(有时同时扣除生物学上限温度),对作物生长发育有效的那部分温度的总和。即扣除对作物应为"无效"的部分,使热量条件与作物生长发育更趋一致。其计算式如下:

$$A_{e} = \sum_{i=1}^{n} (T_{i} - B) \tag{2.3}$$

式中,A_e 为有效积温,B 为下限温度,T_i 为活动温度且 $T_i > B$;当 $T_i \leqslant B$ 时,$T_i - B = 0$。

用有效积温来表征作物发育所需热量条件,排除了对作物不起作用的生物学零度以下的无效温度,积温的稳定性较好,比较符合实际。

计算作物所需要的积温应注意两点:一是计算时段不宜按旬、月、季、年来划分,一般按作物生长或发育时期划分;二是作物发育的起始温度(又称生物学零度)不一定和0 ℃相一致,因作物种类、品种而异,而且同一作物,不同发育期也不相同,多数都在0 ℃以上。比如冬小麦春季恢复生长的温度是 0~5 ℃,玉米发芽的温度是 5 ℃,水稻、棉花在 10 ℃左右开始出苗,番茄、黄瓜的出苗温度是 15 ℃。计算各种作物不同发育期的积温时,应当从日平均温度高于生物学零度时累积,只有当日平均温度高于生物学零度时,温度因子才对作物的发育期起作用。

积温可为农业气候热量资源的分析和区划以及为农业气象预报、情报服务。a.分析热量资源。编制农业气候区划,规划种植制度。b.积温是作物与品种特性的重要指标之一。分析引进或推广地区的温度条件能否满足作物生育所要求的积温,为作物引种服务。c.利用作物发育速度与温度的相关关系,可以用积温预报作物的发育期。d.负积温的多少,有时作为低温灾害的指标之一。

(4)积温的计算方法

给定了植物生长发育的上下限温度时,计算积温的方法比较简单,即按照前面讲到的积温表达式求算即可。

例如,给定作物的生物学零度(下限温度)为 10 ℃,某一周的逐日平均气温分别为:12 ℃、13 ℃、11 ℃、10 ℃、9 ℃、13 ℃、12 ℃,可求得该周的活动积温和有效积温分别为:$A_a = 61$ ℃和 $A_e = 11$ ℃。

没有给定植物生长发育的上下限温度时,计算积温的方法关键是确定上下限温度。所用资料:多年观测资料、分期播种资料、地理播种资料、地理分期播种资料。采用方法:图解法、最小二乘法、偏差法等。

①图解法:由有效积温表达式可得

$$A_e = \sum_{i=1}^{n}(T_i - B) = \sum_{i=1}^{n} T_i - nB \tag{2.4}$$

即

$$\frac{1}{n}\sum_{i=1}^{n} T_i = \frac{1}{n}A_e + B \tag{2.5}$$

故

$$\overline{T} = \frac{1}{n}A_e + B \tag{2.6}$$

式中,n 为作物发育期天数,$1/n$ 则为作物发育速度,$\overline{T}$ 为作物发育期间的平均气温。

因此,利用试验观测资料序列绘制 $\overline{T}$、$1/n$ 相关图,根据散点所描直线之截距即为 B,而斜率则为 A_e(图 2.7)。

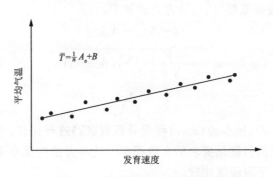

图 2.7　图解法求 A_e、B 示意图

②最小二乘法:最小二乘法仍然是从有效积温的表达式出发:

$$A_e = \sum_{i=1}^{n}(T_i - B) = \sum_{i=1}^{n} T_i - nB \tag{2.7}$$

故
$$\sum_{i=1}^{n} T_i = A_e + nB \tag{2.8}$$

令 $n=x$, $\sum_{i=1}^{n} T_i = y$,

则利用试验资料可得一组方程:

$y_1 = A_e + Bx_1$,第 1 年或第 1 播期试验资料;

$y_2 = A_e + Bx_2$,第 2 年或第 2 播期试验资料;

……

$y_n = A_e + Bx_n$,第 n 年或第 n 播期试验资料。

根据方程组,即可用统计学上的最小二乘法求出 A_e 和 B,即:

$$A_e = \frac{\sum x^2 \sum y - \sum x \sum y}{n \sum x^2 - (\sum x)^2} \tag{2.9}$$

$$B = \frac{n \sum xy - \sum x \sum y}{n \sum x^2 - (\sum x)^2} \tag{2.10}$$

但需要注意的是,在进行计算时,T_i 是活动积温,应该把观测资料中低于 B 的日平均气温剔除,而 B 尚未求出,如何处理呢? 农业气象学的方法是:a. 根据作物的生物学特性和经验,先假定一个 B。b. 用最小二乘法求得 B。c. 用求得的 B 与假定的 B 进行比较,如果两者相差不超过 1 ℃,就认为求得的 B 符合要求,如果两者相差甚远,就要重新去假定 B 进行统计分析计算,如此循环往复,直到求出合适的 B 为止。d. 但在实际计算中往往会碰到这样的问题,如假定 $B=11$ ℃时,计算的 $B=11.7$ ℃,而假定 $B=12$ ℃时,计算的 $B=12.5$ ℃,这两个假定与计算的 B 误差均在 1 ℃之内,究竟哪一个符合要求呢? 这应由相关系数(r)和剩余方差(S_r)来决定,显然应取 r 较高或者 S_r 较低者。

③偏差法:偏差法的依据是求得的有效积温应相对稳定,虽然在实际情况下它不是一个常数,但在取得合适的上下限温度后,对同一作物同一发育期来说,用不同试验观测资料计算的有效积温应是近似的,其离差程度最小。

基本思路:假定各种上下限温度,分别统计各年或者各播期的有效积温,再计算各自的极差(d)、标准差(σ_{n-1})和变异系数(C_r),计算公式如下:

$$d = A_{max} - A_{min} \tag{2.11}$$

$$\sigma_{n-1} = \sqrt{\frac{1}{n-1} \sum (A_i - A)^2} \tag{2.12}$$

$$C_r = \frac{\sigma_{n-1}}{A} \tag{2.13}$$

根据计算出的极差(d)、标准差(σ_{n-1})和变异系数(C_r)进行比较,离差最小一组假定的上下限温度即为所求,对应的值就是要求的有效积温。这种方法的优点是可以同时求出上下限温度,并可与其他不同上下限温度比较。

偏差法是利用田间试验确定上限温度的简便方法。

在实际观测中发现,作物的发育速度随温度的升高而加快,但当温度升高到一定界限后,其发育速度不再随温度的升高而加快,发育期不再缩短,此时的温度即称为上限温度。

如有一组水稻广陆矮 4 号试验资料:

日平均气温(单位:℃)18.1　21.3　27.4　29.1

始穗至成熟(单位:d)48　39　28　28

显然上限温度在 27～28 ℃。可见,上限温度也为一范围,在此范围内,生育期虽不再缩短,但仍保持上限温度条件下的发育速度。

积温的基本特征。不同作物、同一作物不同发育期完成所需要的积温是不同的。而同一作物品种同一发育期所经历的天数可能不同,或者说不同年份、不同播期、不同地区所经历的天数可能不同,但所需要的积温特别是有效积温从理论上讲应该是不变的。

积温的其他种类。根据某些专题研究需要,还有人提出了负积温、地积温、危害积温、时积温和净效积温等概念。冬季零度以下的日平均温度的累加称为负积温,表示严寒程度,用于分析越冬作物冻害。日平均土壤温度或泥温度的累加称为地积温,用以研究作物苗期问题及水稻冷害等。逐日白天平均温度的累加称日积温,用以研究某些对白天温度反应敏感的作物的热量条件。

2.2.3.3　积温学说的应用

由于积温反映了温度强度和持续时间的综合结果,因此积温学说在作物品种引种推广、农业气候资源分析和区划、农业气象预报(物候期预报、收获期预报、病虫害发生发展时期预报等)、农业气象灾害指标、作物生长模拟等许多方面得到广泛应用。此外,作物从播种(或出苗)到开花(或抽穗)、成熟所需的积温是作物品种特性之一,在进行农业气候相似性分析时具有重要意义。

作物发育期模拟是作物生长模拟研究中的重要组成部分,多数模型要用到积温原理。如美国的 CERES(crop environment resources synthesis)和荷兰瓦格宁根(Wageningen)大学系列作物模拟模型的发育阶段模拟均采用了相对积温的概念。即将全生育期分为几个阶段(播种、出苗、开花、成熟),以实际累积的积温数值与完成该发育期所需积温的比值来表示发育进程。由于是相对数值,所以既可以看出发育的动态变化,也便于不同年份、地点之间的比较。

2.2.3.4　积温的不稳定性与改进措施

积温作为热量指标,计算方便,在农业生产上得到广泛应用,但在应用中发现,积温学说尚有不完善之处。作物对积温的要求,不论是活动积温还是有效积温,都存在不稳定的现象。造成积温不稳定的原因是多方面的,其主要原因是:

(1)影响作物发育的外界环境条件的复杂性

影响作物发育的外界环境条件,不仅有气象因子还有其他因子。气象因子中除温度外,光照时间、辐照度等对发育速度也有一定影响,它们与发育速度的关系,有各自遵循的特定规律。

(2)积温学说的假定条件不能满足

①假定其他因子基本满足的条件下,温度起主导作用,在自然条件下,这一假定是难以满足的,因而影响积温的稳定性。

②农业生物发育速度与温度呈线性关系,实际上并非简单的线性关系,而是呈曲线关系,在下限温度以上,发育速度随温度的增高加快,在最适温度时,发育速度达最大值,当温度超过最适温度的,过高的温度对生长发育有抑制作用,是一种非线性关系。

③没有剔除上限温度对作物的不利影响,当气温超过三基点温度的上限时,温度对作物发育不利,但计算时并没有剔除,也造成积温的不稳定。

④没有考虑温度的周期性变化,计算积温是以日平均温度作为基础,它没有考虑每天的最高温度、最低温度对发育的影响,而它们的影响是很重要的,也是多方面的。

⑤作物本身的感光性强于感温性,有的作物本身对光照有特殊反应,如感光性强的作物,发育速度主要与日照时间长短关系较大,而对温度的反应就不敏感。

⑥人为因素造成的误差,作物发育期的观测误差,温度资料的来源不同及作物发育期观测的代表性问题,离温度测站的远近问题,计算积温时选取的上下限温度与作物实际的上下限温度的差异等。

综合各方面的研究,可以认为积温的稳定是相对的,不稳定是绝对的;造成积温不稳定的原因是多方面的;而根据实际情况,对积温表达形式与计算方法做必要的改进与修正以后,积温仍不失为一个有效的定量指标。科学工作者提出了许多改进方法,使积温得到了广泛应用。

国内专家学者在实际工作中提出了许多订正积温表达形式以及计算方法上的改进措施,归纳起来主要有 3 类:光照条件订正、温度条件订正、回归订正。

(1)光照条件订正

依据:光照对感光性强的作物发育速度的影响很大,与温度的影响相当;特别是感光性强的品种甚至超过了温度的影响。因此,当用积温表示作物发育速度与热量的关系时,必须进行光照订正。

①日照百分率。

有效光温度(T_0):

$$T_0 = k \times T \tag{2.14}$$

式中,T 为日平均气温,k 为同日日照百分率。

有效光积温($\sum T$):

$$\sum T_0 = k \times \sum T \tag{2.15}$$

式中,$\sum T$ 为某一时段或某一发育期积温,k 为同期日照百分率。

②可照时数。把感光性较强的作物品种在某一光照长度下所要求的积温订正为另一光照长度下的积温,即:

$$\sum TB = (1 + f \times \Delta S) \sum TA$$

式中,$\sum TA$ 和 $\sum TB$ 分别为日平均可照时数 SA 和 SB 条件下的积温,$\Delta S = SA - SB$,f 为日平均可照时数变化 1 h 所引起的积温变化量与 $\sum TA$ 的比值,对具体品种而言,f 为常数,可通过实验求得。

(2)温度条件订正

依据:温度的高低(即温度强度的大小),对作物发育速度的影响是不一样的。夜间温度的高低以及日较差的大小等,也会影响到积温的稳定性。

①有效积温变量。基于温度的三基点理论及温度的有效性,提出一种温度因素对作物发育速度影响的非线性模式,以替代积温公式中的线性假设。

植物生长量—温度曲线见图 2.8。

在非线性模式中,令:

$$A(T) = K(T - B)^{-P}(M - T)^{-(1+Q)} \tag{2.16}$$

则

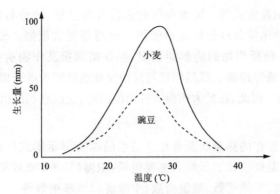

图 2.8 植物生长量—温度曲线

$$A(T) = \sum T - nB \qquad (2.17)$$

式中，T 为日平均气温，$\sum T$ 为某一时段或某一发育期积温，n 为发育期天数，B 为下限温度，$A(T)$ 为有效积温变量。用实测资料可以验证，$A(T)$ 与有效积温的实际值十分接近。而从 $A(T)$ 的计算公式中可以看出，$A(T)$ 是温度的函数，即温度不同对作物发育速度并非等效。

②当量积温。在有效温度（或温度当量）的基础上，可以用当量积温改进活动积温，即：

$$\sum \theta = K(T) \times \sum T$$

式中，T 为日平均气温，$\sum T$ 为某一时段或某一发育期积温，$\sum \theta$ 为当量积温，假设 A_a 为活动积温，$A_a = \sum T$，$K(T)$ 为温强系数，这样建立了当量积温与活动积温的联系。

$K(T)$ 的计算公式为：

$$K(T) = \frac{n_0 T_0}{\sum T} \qquad (2.18)$$

式中，T_0 为发育速度最快时的温度，T 为日平均气温，$\sum T$ 为某一时段或某一发育期积温，n_0 为发育速度最快时的发育期天数。$K(T)$ 可以根据实验资料并按照式（2.18）确定。表 2.4 是不同日平均气温下，4 种水稻品种温强系数的平均值。

表 2.4 4 种水稻品种温强系数的平均值（播种至抽穗）

日平均气温(℃)	20	21	22	23	24	25	26	27	28	29	30
温强系数	0.81	0.86	0.91	0.95	0.99	1.02	1.03	1.04	1.03	1.00	0.94

可见，温强系数是温度对作物发育有效性的度量，当量积温则反映积温累积期间平均温度的有效性，其稳定性较好。

（3）回归订正

用播种日期的早晚（含有日照长短的意义）和生长前期降水量建立积温的回归方程，对积温指标进行订正，称为动态积温。可用来预测杂交水稻的亲本（父本、母本）花期。

除了上述 3 类订正方法外，还有许多种改进方法，如暗长积量订正法、气温的周期变化比较量订正法等。

积温在农业生产中的应用：a.建立农业生物生长发育积温模式，包括叶龄积温模式、分蘖积温模式、干物质增长积温模式等。b.农业气候热量资源分析、评价与区划,包括对地区热量资源的评价、为作物引种热量条件分析及种植制度规划等提供依据。c.对作物热量条件的鉴定,进行农业气象预报,包括作物的物候期预报、生育期预报及作物病虫害发生发展预报等。d.作物产量和品质热量条件评价。虽然积温与植物发育速度的关系密切,但对植物生长发育而言,其影响因子较为复杂。因此,在扩大积温的应用范围时,应注意积温指标的局限性与条件性。

2.2.3.5 温度指数

标志农业生物生长发育的热量状况及相互关系的温度标示形式即温度指数,有时也称为温热指数或热量指数。温度指数表示形式主要包括:积温(℃·d 或者℃·h)、大豆发育单位、玉米热量单位、月热指数、年热指数、温湿指数、干凉度和风寒指数等。

2.2.4 温度周期性变化在生产中的应用

2.2.4.1 作物的温周期现象

植物长期生活于某一自然条件下,适应某种节律性变化规律并遗传,成为其生物学特性之一。由于自然条件下的气温呈现周期性变化,所以作物的生长发育对气温的周期性变化有相应的反应,这种反应称为作物的温周期现象。可以说,作物的温周期现象是作物对温度节律性变化规律的适应。

农作物为了完成它的生长发育进程,必须经历其需要的昼温与夜温交替的日温周期。而且在生长季节,叶温不能保持常数,应随作物生长发育状况而变化。这种现象同样可看作是植物对生态条件(主要是指气候条件)昼夜和季节性变化规律的适应所获得的一种特性。另外,在光、温周期两个现象中,在某些情况下,温周期现象可能是主要的。

植物的日温周期现象,是大多数植物尤其是农作物所共有的普遍现象。不同作物的日温周期不同。如原产热带的作物适应昼夜温度较高、振幅较小的日温周期;而原产温带的作物,则适应昼温较高、夜温较低、振幅较大的日温周期。

2.2.4.2 气温日变化对作物生长发育及产量形成的影响

气温日变化(或昼夜变温)对作物生长发育和产量形成有很大影响,白天温度高可促进植物光合作用的形成,夜间适当低温可减弱植物的呼吸消耗,在日温周期振幅有效的范围内,即日最高温度不超过作物的上限温度、最低温度不低于作物的下限温度时,如果昼夜温差大,作物的生长发育速度加快,有利于植物的开花结实及优质农产品的形成。但如果突破作物生长发育的最高、最低界限温度时,则会成为无效温度,不仅对作物生长发育不利,反而会对作物造成伤害,严重时会导致作物死亡。

另外,气温日变化还会影响到植物分布的北界(上界)。如森林北界位置在大陆性气候条件下比在海洋性气候条件下向北延伸 10 个纬度;而大陆性气候较强的山区森林分布通常要比海洋性气候较强的山区高得多;冬小麦种植上界也从岷江流域的 2400 m 上升到雅鲁藏布江流域的 3800 m。其原因是虽然北界(上界)的平均温度降低了,但是其日较差大,有利于干物质的积累,可满足树木和作物生长发育的需求。

2.2.4.3 气温日变化对作物品质的影响

与南方的同一种作物相比,北方的农作物不仅产量高,而且好吃。事实上,北方作物的含糖量和蛋白质含量都较高,这与北方或大陆性气候较强地区的气温日较差大不无关系。

另外,气温日变化还常与其他气象要素日变化(尤其是光周期)相结合共同对作物产生影响,即白天高气温、强光照有利于光合作用,而适当的气温日较差可增加白天的光合积累而减少夜间的呼吸消耗。

2.2.5 土壤温度对农业生产的影响

在土壤—植物—大气连续体(soil plant atmosphere continuum,SPAC)中,除了大气温度以外,土壤温度也是影响作物生长发育的一个重要因子。土壤温度的高低影响作物种子的发芽与出苗、根系的生长、块茎与块根的形成,以及水分和营养物质的吸收;还由于土壤温度的不同影响土壤内各种深度的昆虫活动及发生发展,从而也间接影响作物的生长发育。

2.2.5.1 土壤温度影响种子发芽与出苗

当描述温度对种子发芽、出苗的影响时,用土壤温度作指标比用气温作指标更为确切。不同植物的种子发芽所要求的土壤温度是不同的。小麦、油菜种子发芽所要求的最低温度为 1～2 ℃;玉米、大豆为 8～12 ℃;棉花、水稻为 10～20 ℃。当其他条件适宜时,在一定的温度范围内,土壤温度越高,种子发芽速率越快,土壤温度过高或过低对种子发芽不利,甚至导致种子发芽停滞或死亡。种子发芽所需的最低土壤温度是确定作物适宜播种期的依据之一。作物播种时要求的最低温度指标,一般以 5 cm 土壤温度为标准。土壤温度的高低对出苗时间也有很大影响,例如,冬小麦,当温度在 5～20 ℃时,每升高 1 ℃,达到盛苗期的时间可减少 1.3 d。

土壤温度的日变化对作物种子发芽有直接的影响。当日平均温度偏低、较接近作物生长的最低温度时,夜间温度接近或低于下限,作物基本停止生长,此时白天的土壤温度对作物的发芽生长起主要作用,对于早播的棉花与早春小麦往往存在这种情况。当日平均温度较高、较接近作物生长的最高温度时,中午的土壤温度往往接近或超过作物生长发育的上限,抑制作物生长,这时,早晨与夜间的温度对作物的发芽生长起着更重要的作用,且温度日较差越大,中午不利影响就越大。

2.2.5.2 土壤温度影响根系生长与发育

土壤温度直接影响根系的生长和根系对水分及矿物营养的吸收,养分的运转、贮存以及根的呼吸作用等。

一般来说,土壤温度不太高时,对根系生长发育比较有利。如燕麦在土壤温度 6～8 ℃时,生长的根占整个植株的 21%。当土壤温度为 20 ℃时,棉花植株的根占整个植物体干重的 6%,而当温度为 35 ℃时,根只占 3.5%。但是,如果土壤温度太低,则会影响根系的吸收作用和整个植株的生长发育。

2.2.5.3 土壤温度影响块茎和块根的形成

土壤温度的高低不仅影响马铃薯的产量,还影响块茎的大小、比重、含糖量与形状等。马铃薯块茎形成最适宜的土壤温度是 15.6～23.9 ℃,但也有认为 17.8 ℃是块茎形成的最适宜温度,21.1 ℃对地上部营养体生长最好。土壤温度过低(<8.9 ℃)则块茎个数多,但小而轻;土壤温度适当(15.6～22.2 ℃),块茎个数少而薯块大;土壤温度过高(>28.9 ℃),则个数少而薯块小,块茎变成尖长型,大大减产。甘薯块根着生土层(5～25 cm)的土壤温度日较差与上下层土壤温度的垂直梯度的大小对块根的形成有明显影响,土壤温度日较差与垂直梯度大,可使块根长得较圆,反之成尖长型。昼夜温差大的沙性土壤对甘薯的块根形成较为有利。

2.2.5.4 土壤温度影响作物对水分和养分的吸收

低温减少作物根系对水分的吸收。其主要原因是,低温使根系代谢活动减弱,增加了水与原生质的黏滞性,减少了细胞质膜的透性。但是,土壤温度过高,酶易钝化,根系代谢失调,对水分的吸收也不利。土壤温度的高低还影响作物根系对矿物质营养的吸收。低温可减少根系对多种矿物质营养的吸收,但对不同元素的影响程度不同。这与所遇低温的强度与时间有关,例如水稻,以 30 ℃与 16 ℃短期(48 h)处理后比较,低温影响对矿物质的吸收顺序是:磷、氮、硫、钾、镁、钙;如果长期(从移栽到成熟)进行冷水灌溉,降低土壤温度 3~5 ℃,则影响大小的顺序为:镁、锰、钙、氮、磷。

2.2.5.5 土壤温度影响土壤中的昆虫

很多昆虫终生生活在土壤中,如蝼蛄、蟋蟀、白蚁等。另外,有很多昆虫生命过程的某些阶段是在土壤中度过的,如金龟子、金针虫、地老虎、枣尺蠖、季尺蠖等,还有很多昆虫则以某一个虫期潜入土中越冬或滞育。据统计,有 95%~98%的昆虫种类在它的某一生育时期与土壤有密切关系。因此,土壤温度对昆虫,特别是对地下害虫的发生发展有很大作用。土壤温度除影响昆虫发育速度和繁殖力外,还影响土栖昆虫的垂直移动。一般当秋季土壤温度下降时,昆虫向下移动;而春季土壤温度上升后昆虫向地表移动;夏季地表温度过高时,昆虫又下潜。昆虫在土中的潜入深度,不仅在一年中随适温区的变化而不同,即使在一天中,也有一定的移动规律。如蛴螬,夏季时大多在夜间及早晨上升到土壤表面危害作物,日中下降到土壤稍深处。掌握土壤温度的变化和土壤中昆虫垂直迁移活动的规律,才能更好地测报和防治这类害虫。

2.2.6 调节温度的农业措施

在农业生产中常采取一些有力措施调节土壤温度与气温,以保证作物生长发育处于适宜的温度条件。常采用的措施有灌溉、松土或镇压、垄作或沟种、染色剂与增温剂等。除了上述增温措施外,保护地栽培如风障、阳畦、温室等,都能很好地调节温度条件。

2.2.6.1 灌溉对土壤温度的影响

在温暖季节与时期的灌溉可以起降温作用,寒冷季节可以起保温作用,这是众所周知的。一般对土壤温度(10 cm)来说,冬季灌水保温效应可有 1 ℃左右,夏季灌水降温作用可达 1~3 ℃,具体效应的大小,因天气、土壤、植物覆盖以及灌水量、水温与面积等条件而异。对贴地气层气温的影响随高度而异,对 15~20 m 高度来说,一般效应不到 1 ℃,靠近地面较大。北方冬季灌水保温的主要原因是灌水增加土壤热容量与热导率,夏季灌水降温主要因为增加了蒸发耗热。

冷暖过渡季节灌溉的温度效应与蒸发条件有很大关系。而温度高低直接影响蒸发。当日平均温度为 0 ℃或略低时,白天温度高可使灌溉地因蒸发多而降温,夜间温度低抑制蒸发,灌溉地可发挥保温作用。同理,冬季在初冬也有过渡时期,最初以降温为主,渐变为以保温为主。北方整个冬季冬灌地维持保温效应。南方冬季灌水在整个冬季则以降温为主。夏季灌水可有效减缓水稻高温热害的影响。

2.2.6.2 松土与镇压对土壤温度的影响

(1)锄地(松土)对土壤温度的影响

锄地的作用是综合的,可有增温、保墒、通气及一系列生理生态效应,仅就温度效应来说,如果锄地(包括耧地)质量高而条件适宜,可使暖季晴天土壤表层(3 cm)日平均温度增高约 1 ℃,最高可增加 2～3 ℃或更多。锄地增高土壤温度的主要原因,一是切断土壤毛细管,撤掉表墒,减少了蒸发耗热;二是使锄松的土层热容量降低,得到同样的热能而增温明显;三是锄松的土层热导率低,热量向下传导减少,而主要是用于本层增温。这样,对于锄松层以下的实土层来说,情况可能相反,即锄地可使表层增温而使下层降温。另外,白天表层增温,但由于锄松后表层热容量与热导率均小,夜间常常降温,即比未锄的土壤温度反而低。春季,特别是早春,当低土壤温度是影响作物生长的主要因素时,锄地增温对促进作物生长起着重要作用;增温、通气还可促进土壤微生物活动,加快养分的分解与供给;锄地还可以增加表层土壤温度日较差与垂直梯度;并可使晴朗白天贴地气层的温度略有提高,可有利于作物长根发叶,制造、输送与积累有机养分。

(2)镇压对土壤温度的影响

镇压的作用与锄地相反,它能增加土壤容重,减少土壤孔隙,增加表层土壤水分,从而使土壤热容量、热导率都增加。据观测,从土壤表层到 15 cm 深度土壤热容量的相对数值镇压后增大 11%～14%,热导率增加 80%～260%。土壤经镇压后,白天热量下传较快,使土壤表层在一天的高温期间有降温趋势;夜间下层热量上传较多,故在一天的低温期间可提高土壤温度,即缓和了土壤表层的温度日变化。据观测,早春测得 5 cm 与 10 cm 深度土壤温度日变化幅度,镇压的比未镇压的小 2 ℃。镇压过的耕地,夜间土壤表层不易结冻。此外,镇压可以消灭坷垃与土壤裂缝,防止因风抽而造成越冬作物的死亡。

镇压对深层土壤温度的影响一般与表层相反。

2.2.6.3　垄作对土壤温度的影响

在一年的温暖季节,垄作可以提高土壤表层温度,有利于种子发芽与幼苗生长,一般可使垄背土壤(5 cm)日平均温度提高 1～2 ℃,并可加大土壤温度日较差。寒冷季节垄作反而降温,有的地区利用垄作秋季降温作用来防止马铃薯退化。

暖季垄作使土壤增温的原因主要有:a.垄背的反射率比平作平均低 3%,对散射辐射之吸收略高于平作。b.垄面有一定坡度,在一定时间,对一定部位,特别是靠垄顶的部位,可较多得到太阳辐射。垄顶在一定时间遮挡了垄沟的阳光,在太阳辐射的分配上垄顶多于垄沟,故使垄上增温,垄沟降温。c.垄上土壤水分少,因而蒸发耗热较少。d.垄上土壤水分少,可使垄上土壤热容量与热导率减小。e.在实行免耕法的地区,前茬作物的秸秆(轧碎)可集中在垄沟,使垄背温度比平作秸秆平铺地高。

2.2.6.4　染色剂与增温剂对土壤温度的影响

常见的染色剂如草木灰、泥炭等黑色物质,它们能使土壤更多地吸收太阳辐射而增温,如石灰、高岭土等浅色物质,可反射太阳辐射而降温,并缓和温度日变化。

土壤增温剂是一种覆盖物,它具有保墒、增温、压碱和防止风蚀、水蚀的多种作用。其温度效应,晴天 5 cm 深土壤温度可增加 3～4 ℃,中午最大可达 11～14 ℃,阴天增温较少。增温原理主要是抑制了蒸发,减少了蒸发耗热。

增温剂在我国主要用于早春水稻、棉花、蔬菜等的育苗,可使作物早出苗 5～10 d,早移栽、早成熟,取得了良好的效果。

2.3 水分条件与农业生产

2.3.1 水的生物学意义

水是植物维持生命及生长发育所必需的自然资源。水是植物体最大组成部分,保持植物细胞组织的紧张度,使植物植株茎叶挺直;水分参与植物生命所有理化过程,影响植物的光合作用与体内营养物质的吸收和转运;同时,水分赋予植物蒸腾作用,用以调节植株体温和整个生理过程。水分通过不同方式和形态对农作物生命活动产生影响。从方式上看,有大气水分和土壤水分。而从形态上看,主要有液态水、气态水和固态水。水分还通过水量的时间分配对农作物的生命活动产生影响。

蒸腾作用是植物进行水分吸收和运输的主要动力。蒸腾拉力使土壤水由根系进入植株体,由导管向上输送到达茎、叶,通过气孔散发到大气中。因此,蒸腾作用的强弱,反映出植物体内水分代谢的状况和植物对水分利用的效率。衡量蒸腾作用强弱常用的指标有:

1)蒸腾速率。又称蒸腾强度或蒸腾率,指植物在单位时间内、单位叶面积上通过蒸腾作用散失的水量。常用单位:$g \cdot m^{-2} \cdot h^{-1}$、$mg \cdot dm^{-2} \cdot h^{-1}$。大多数植物白天的蒸腾速率是 $15 \sim 250 \ g \cdot m^{-2} \cdot h^{-1}$,夜晚为 $1 \sim 20 \ g \cdot m^{-2} \cdot h^{-1}$。

2)蒸腾效率。指植物每蒸腾 1 kg 水时所形成的干物质的数量。常用单位:$g \cdot kg^{-1}$。一般植物的蒸腾效率为 $1 \sim 8 \ g \cdot kg^{-1}$。

3)蒸腾系数。又称需水量,指植物每制造 1 g 干物质所消耗水分的数量,它是蒸腾效率的倒数。大多数植物的蒸腾系数在 $125 \sim 1000$ mm;玉米为 $250 \sim 300$ mm,小麦为 $450 \sim 600$ mm,棉花为 $300 \sim 600$ mm,水稻为 $500 \sim 800$ mm。蒸腾系数小的作物水分利用率高,相对比较耐旱。同一种植物因外界条件及生育期不同蒸腾系数(需水量)不同。作物需水量主要受气象因素的影响,此外也受植物、土壤因素,以及灌溉、排水和耕作栽培技术等人为措施对植物、土壤等因素的影响。气象因素包括气温、空气湿度、太阳辐射、日照和风速等,是影响作物需水量的主要因素。了解植物的需水量是研究农业水分问题的前提。植物需水一般包括植物光合过程需水和体内含水(比例较小,实际计算中忽略不计)、植物蒸腾、土壤和植物表面蒸发4 个方面的耗水。因此,作物需水量被定义为:在适宜的外界环境条件(无气象灾害,土壤水分、养分的充分供应,无病虫危害)下,作物维系生命、正常生长发育达到或接近该作物品种的最高产量水平时,植株蒸腾、土壤及植物表面蒸发消耗的水分之和,也称为农田最大蒸散量。不同作物或同一作物在不同的发育阶段对水分的需要有显著的差别。生育期长、叶面积大、根系发达的作物需要水多;反之则需要水少。在整个生育期中,一般前期需水较少,中期达最高峰,后期又减少。也就是说从播种到生育盛期以前的营养生长阶段需水约占全生育期需水的30%;生长盛期,营养生长与生殖生长并进,需水占生育期的 $50\% \sim 60\%$;开花以后,植株体积不再增大,需水较少,只占全生育期的 $10\% \sim 20\%$。

植物需求的水分来源包括地下部分的土壤水分和地上部分的空气水汽。

植物一生中需要的大量土壤水分主要依赖于自然降水(或灌溉)。降水量的多寡、降水强度和性质,以及降水时间的分配等都直接影响土壤水分状况。在土壤水分充足的条件下,蒸腾旺盛,增加根系对水分和养分的吸收,加快植物体内水分循环和物质代谢。因此,降水(或灌溉）适时适量是确保稳产、高产、优质的重要条件。

空气湿度是影响植物蒸腾和根系吸收的重要因子。当空气湿度偏小时，农田蒸散率大。一般来说，相对湿度为 70%～80% 对植物生长有利。但空气湿度太小，如相对湿度在 60% 以下，加上土壤水分亏缺，尤其伴随高温条件，根系吸收水分不足补偿蒸腾消耗，破坏植物体内水分平衡，阻碍植物正常的生理代谢。在植物开花期，就会影响开花授粉，降低结实率或引起落花落果；在灌浆期，就会影响籽粒饱满，导致产量下降。空气湿度太大，如相对湿度较长时间维持在 90% 以上，对植物也是不利的。因空气湿度太大，影响作物开花授粉，延迟成熟和收获，甚至造成籽粒发芽和霉变，降低产品质量。空气湿度太大还是棉花蕾铃脱落的重要原因。在温暖季节里因空气潮湿，病虫害也容易发生发展。稻瘟病、小麦锈病、赤霉病等都是在高湿条件下发生的。

2.3.2　土壤水分类型及常数

2.3.2.1　土壤水分类型

土壤水分类型主要有吸湿水、毛管水、重力水 3 种。吸湿水是指烘干的土壤从含有饱和水蒸气的空气中由吸附力吸附于土粒表面的水分；毛管水是指被表面张力以水膜形式吸附于土粒周围，由毛管水面凹曲产生的力所保持的水分，通常又分为薄膜水和毛管悬着水；重力水是指重力大于土壤持水力而不能保持在土壤中的水分。

2.3.2.2　土壤水分常数

土壤中水分从受一种力的作用转到受另一种力作用时的土壤水分含量叫作土壤水分常数。常用的土壤水分常数有 5 个。

（1）凋萎系数

植物产生永久凋萎时的土壤含水量，也称凋萎含水率或萎蔫点。生长在湿润土壤上的作物经过长期的干旱后，因吸水不足以补偿蒸腾消耗而叶片萎蔫时的土壤含水量。最初在下午或日落后叶片尚可逐渐恢复充涨，以后在日出前也不能恢复充涨，最后甚至在灌溉或降水供给一些水分后也不能恢复。作物在这种情况下称为永久萎蔫，此时的土壤含水量称为凋萎系数。此时土壤中的水分活动也基本停止。凋萎系数是了解土壤水分状况、进行土壤改良和灌溉不可缺少的重要依据，是作物可利用水量的下限。土壤凋萎系数主要受土壤质地、有机质含量和土壤全盐含量的影响。随土壤黏性的增加、有机质含量及全盐量的增大而增大。如沙土 1.8%～4.2%、壤土 6.4%～12.6%、黏土 17.4% 等。

（2）田间持水量

土壤中毛管悬着水达到最大量时的土壤含水量。指在地下水较深和排水良好的土地上充分灌水或降水后，允许水分充分下渗，并防止其水分蒸发，经过一定时间，土壤剖面所能维持的较稳定的土壤水含量（土水势或土壤水吸力达到一定数值）。田间持水量是在不受地下水影响的自然条件下所能保持土壤水分的最大数量指标。田间持水量长期以来被认为是土壤所能稳定保持的最高土壤含水量，也是土壤中所能保持悬着水的最大量，是对作物有效的土壤水含量上限，且被认为是一个常数，常用来作为灌溉上限和计算灌水定额的指标。它是一个理想化的概念，严格来说不是一个常数。虽在田间可以测定，但却不易再现，且随测定条件和排水时间而有相当的出入，故尚无精确的仪器测定方法。土壤湿度占田间持水量的百分数可称土壤相对湿度,表示作物的旱涝程度。

(3)毛管断裂含水量

土壤中的毛管悬着水由于作物的吸收利用和土壤的蒸发作用,其数量不断减少,当减少到一定程度时,其连续状态断裂,从而停止了毛管悬着水的运动,这时的土壤含水量称为毛管断裂含水量。此时作物虽能从土壤中吸收一些水分,但吸水困难,补给不足,水分供不应求,作物生长发育受到抑制,故又把毛管断裂含水量称为生长阻滞含水量。当土壤中水分含量超过这一数量时,土壤水分有效性显著提高。所以毛管断裂含水量可视为土壤水分对作物有效性的一个转折点,约为田间持水量的 65%,可作为灌水的下限指标。

(4)毛管蓄水量

土壤毛管孔隙都充满水分时的含水量,包括吸湿水、膜状水和毛管上升水。它是土壤中毛管上升力保持在自由水位以上的水量,一般要比田间持水量高 1/4~1/3。达到毛管蓄水量时作物已感到土壤水分偏多,土壤中空气不足,不利于作物生长。

(5)全蓄水量

土壤中所有孔隙全部充满水时的含水量。当土壤水分接近或达到全蓄水量时,土壤通气性变差,对作物生长发育不利。

土壤有效水分可用下式计算:

$$土壤有效水量=土壤贮水量-凋萎湿度时的土壤贮水量。$$

2.3.2.3 农田蒸散

农田蒸散即植物的叶面蒸腾和棵间土壤蒸发之和。农田蒸散量为农田水分平衡的主要支出项,是计划蓄水、供水,设计防旱、抗旱措施等的重要依据,也是鉴定作物水分供应条件的重要指标。影响农田蒸散量的主要因子有:气象条件(大气干燥程度、辐射平衡和风力大小)、土壤状况(温度、湿度和通气状况),以及植被状况(叶面积、根冠比、叶片方位、叶片大小、叶片表面特征、气孔、生育期)等。农田蒸散量以及其中植物蒸腾与棵间蒸发两部分数量的比例,随种植制度、栽培措施和作物生长状况而变化。调节农田蒸散量与蒸腾、蒸发的比例关系,可提高水分利用率。调节蒸散量的农业措施有灌溉、排水、耕作,改变种植制度和方式,设置风障和防护林,覆盖和喷洒保墒增温剂等。

2.3.3 水分对作物的影响

2.3.3.1 作物的水分临界期和关键期

作物生命周期中,各个时期都需要有充足的水分供应。但有的时期因水分过多或不足,对作物生长发育及产量有极大的影响。作物对水分最为敏感、最易受害的时期称为作物需水临界期。不同作物需水临界期不同,需水临界期出现的时期由作物生物学特性所决定。作物需水临界期又称水分临界期。

由表2.5可见,作物需水临界期一般在穗花期,这一时期越长,需水临界期也越长。需水临界期不一定就是作物需水量最多的时期,需水量的多少与对产量影响的大小是不同的概念。需水临界期实际上是一个相对的概念,只是说明作物在临界期比在其他时期对水分反应更为敏感,因此,在安排作物种类时,应考虑各种作物需水临界期,使用水不致过分集中;灌区在干旱缺水时进行轮灌,应优先灌溉面临需水临界期的作物。当然并非其他时期就不需要水分,作物一生中任何时期缺水都是不利的。

表 2.5　几种主要作物的水分临界期

作物	水分临界期
水稻	孕穗至开花期
小麦	孕穗期和从开始灌浆到乳熟末期
玉米	开花到乳熟期
豆类、荞麦、花生、油菜	开花期
马铃薯	开花到块茎形成期
大麦	孕穗期
高粱、黍	抽花序到灌浆期
向日葵	花盘形成到灌浆期
棉花	开花结铃期

每种作物都有一个水分临界期问题。若从气候角度分析,许多地区在作物水分临界期内,降水量较适宜,能够保证作物对水分的需求,此时并不是影响当地作物产量的关键时期。而在水分临界期或对水分也相当敏感的另一个时期,正好遇上当地降水条件经常不足,这一时期即当地水分条件影响产量的关键时期,称为作物的水分关键期。

水分临界期和水分关键期是两个不同的概念。水分临界期是仅从作物本身对水分需求来考虑的,是生理问题;而水分关键期是综合考虑了作物的特性和当地的气候条件,是农业气象问题,它们的研究角度不同。对某一地区的作物而言,水分临界期和水分关键期可能是重合的,也可能是分开的。这在农业生产中具有十分重要的意义。在作物需水临界期内,如果当地降水条件配合不好(历年同时期不是降水过多,就是降水不足),这一时期便是当地水分条件影响产量的关键时期,也称作物对水分的农业气候关键期,或简称为关键期。

2.3.3.2　降水对作物的影响

在自然农业生产中,降水是作物生命周期中的主要水分来源,降水强度和降水量对作物都有不同影响,降水量是否适宜取决于地面状况、土壤性质、降水强度、当时的土壤水分状况和作物的需水量等因素。各种不同类型的降水对作物的影响不同。a.透雨可以使得当地主要农作物在较长时期内得到维持其正常生长发育所需的水分,十分有利于作物的生长发育及其产量形成。b.强度过大,持续时间短的雷雨、阵雨等对作物不利。c.热雷雨、夜雨对作物有利。d.连阴雨一般对作物不利。e.降水比人工灌水更有利于增加大气中水分含量。

(1)降水的时间分配对作物的影响

降水的时间分配涉及两个方面:一是降水的时间分布与温度条件是否配合,如果水热同季,水热资源的潜力都能得到充分发挥,对作物极为有利;二是降水的时间分布与作物的水分需求是否一致,因为降水效率随着植物生育进程不同而有很大变化。我国大部分地区的气候特点是雨热同季,对于农业生产来说,总体上非常有利。但是不同年份、不同的地区会出现降水季节性分配不当的情况,即降水变率大,会形成旱涝等灾害。降水还有一定的滞后效应,特别是在北方地区,干、湿季节分明,雨季的降水在土壤中贮存,可为后期或后季作物生长利用。北方有"麦收隔年墒"之说,只要底墒充足,即使春旱,小麦也能依靠从深层土壤吸收水分而获得丰产。

（2）降雪对农业生产的影响

降雪是通过稳定的积雪来体现的,积雪的农业意义有:a.保温作用,雪层是热的不良导体。b.增墒作用,溶雪水绝大部分可以被农田利用。c.饮水作用,冬季牧场家畜饮水的主要来源。d.致灾作用,如牧区雪灾,特别是白灾。

2.3.4　提高水分利用效率

水分利用效率是指农田蒸散每消耗单位重量的水分所制造出的干物质的重量。水分利用效率大,表示蒸散一定量的水分,获得的干物质多,用水经济。农田土壤水分调控也要从农田土壤水分平衡出发,通过调节平衡方程中的各个分量,达到土壤水分调控的目的。提高水分利用效率,需要因地、因时、因作物采用不同措施。

刘昌明(1999)从合理开发和利用水资源、节水技术措施、节水农业布局和节水农艺措施4个方面提出了土壤水分调控途径和提高作物水分利用率的若干具体措施。

2.3.4.1　合理开发和利用水资源

主要包括:a.降水有效利用,如雨水收集系统、径流农业、土壤水库建立、小流域综合治理等。b.地下水和地表水的联合利用,如井渠结合、雨季地下水回灌等。c.劣质水开发,如微咸水灌溉、污水处理利用等。

2.3.4.2　节水技术措施

主要包括:a.输水工程,如渠系配套、渠道衬砌、低压管道或地面管道输水。b.节水灌溉技术,如喷灌、滴灌、渗灌、管灌、沟畦灌,沟畦灌又有小畦灌、膜上灌、波涌灌、细流沟灌和隔沟灌之分。

灌溉的时间、水量和方式的不同,对于提高水分利用效率很重要。在作物需水临界期,灌溉适量水分收益最高。灌溉水量和次数,既要根据土壤水分含量、作物的需求,也要根据当地雨量分配特点,作出水分灌溉量和次数的预报,做到不失时宜和不过其量。良好的灌溉方式,既保证灌水均匀,又节省水量;既有效改善土壤水分状况,又保持土壤良好的物理性状和提高土壤肥力。常用灌溉方式有:畦灌,适用于密植条播的窄行距作物,如小麦、谷子及某些蔬菜等;沟灌,适用于宽行距中耕作物,如棉花、玉米、薯类及有些蔬菜;淹灌,是一种满足水稻喜温好湿作物的灌溉方式。此外,还有诸如喷灌、滴灌等。据研究,喷灌用水经济,水分利用效率高,与畦灌、沟灌相比较,一般可省水20%~30%,增产10%~20%。

2.3.4.3　节水农业布局

主要包括:a.农业结构调整,如调整农、林、牧业结构、灌溉农田及防护林布局、雨养农业或旱地农业布局。b.种植制度,如复种指数与茬口、轮作制度和间作套种。c.作物布局,如作物因水源条件合理布局、根据水源条件安排耗水作物面积等。

种植方式主要指种植密度、行距和行向。据研究认为,当土壤水分充足时,高粱、玉米等适当密植和缩小行距,可以提高水分利用效率;但土壤水分短缺时,则效果相反。关于行向,有人研究指出,东西行向玉米地水分消耗明显比南北行向多,水分利用效率低。主要原因是东西行向的田面获得较多净辐射,致使丧失更多水分。

2.3.4.4 节水农艺措施

主要包括:a.抗旱育种,如引种与筛选抗旱品种、引入耐旱基因遗传育种。b.节水灌溉制度,如灌溉定额、次数、时间、作物水分临界期灌溉、不充分灌溉技术、微量补水技术等。c.覆盖技术,如秸秆、地膜、草覆盖等。d.保墒耕作,如沟播、垄作、耙耱、伏耕深翻蓄墒、镇压、抗旱播种、丘陵等高种植、山坡地水平沟、鱼鳞坑、少耕免耕等。e.培肥地力与水肥耦合,如增施有机肥、绿肥、土壤改良剂,以及改土、适水配方施肥、测水施肥、CO_2 施肥等。f.理化抗旱措施,如抗旱剂、保水剂、种衣剂、抑蒸剂,以及种子抗旱锻炼等。

此外,风障、染色与覆盖、作物种类搭配、搞好农田基本建设配套设施和合理施肥等均可不同程度地提高水分利用效率。在一般风速下,风障不改变作物的水分利用效率,在大风和平流显热情况下,风障可明显提高作物的水分有效利用率,使作物少耗水而增产;染色的作用在于改变植物表面的光学性质,即增大反射率、减少辐射差额,从而减少水分消耗;覆盖在于减少农田蒸散,特别在有风的情况下效果尤其显著。

2.4 二氧化碳与农业生产

大气中的二氧化碳(CO_2),既是植物进行光合作用制造有机物质的原料,又对气候形成和变化具有特殊作用。特别是近年来,大气中 CO_2 浓度迅速增加,对全球生态环境的影响越来越大,使 CO_2 的农业意义也日益突出。植物进行光合作用所需的 CO_2 主要来源于自然界中动植物的呼吸以及煤、石油等燃料燃烧。

2.4.1 二氧化碳的农业意义

(1)植物进行光合作用的必需物质

CO_2 是植物进行光合作用的重要原料之一,CO_2 的多少直接影响着光合产物的生成。对植物而言,CO_2 有饱和点和补偿点。当空气中的 CO_2 浓度较低时,植物的光合速率会随着 CO_2 浓度的增加而提高。但是当空气中的 CO_2 浓度增加到一定程度后,植物的光合速率就不会再随着 CO_2 浓度的增加而提高。这时,空气中 CO_2 的浓度叫作 CO_2 饱和点。一般 C3 植物的 CO_2 饱和点比 C4 植物高。C4 植物在大气 CO_2 浓度下就能达到饱和;而 C3 植物 CO_2 饱和点不明显,光合速率在较高 CO_2 浓度下还会随浓度上升而升高。在光照条件下,叶片进行光合作用所吸收的 CO_2 量与叶片所释放的 CO_2 量达到动态平衡时外界环境中二氧化碳的浓度。C4 植物对 CO_2 利用能力高于 C3 植物。可以将其作为光合作用指标评价碳同化能力,但应结合其他指标(荧光效率、放氧活性等)综合评价光合作用。

(2)可用作薯类、蔬菜、水果的保鲜

在寒冷的冬季,将甘薯、蔬菜、瓜果之类的农产品贮藏在地窖里面不会变质、变坏,这是因为 CO_2 具有保鲜的作用。CO_2 能够保鲜,是因为深窖里的薯、菜、果之类的农产品,呼吸作用产生的 CO_2 气体沉积于窖底(CO_2 密度比空气大),抑制了薯、菜、果的呼吸强度,减弱其新陈代谢,阻止生长发芽,延缓后熟老化。同时 CO_2 不能供给呼吸,有"静菌"作用,可抑制微生物的活动、繁殖,从而起到保鲜作用。随着人们科普知识的提高,CO_2 保鲜得到广泛应用。特别是对苹果、梨、香蕉和柑橘等水果的贮藏保鲜应用越来越普遍,保鲜期可长达 200 d 以上。

(3)可用作贮粮

高浓度的 CO_2 能够杀菌、杀虫。经试验,较高浓度的 CO_2 能穿透 500 t 粮食的大仓,经一昼夜后,杀死粮仓中 99％的害虫和老鼠。一些大型粮仓利用 CO_2 的这个特性进行贮粮。与熏蒸剂相比,CO_2 具有灭虫、灭鼠率高,粮食无污染,且防潮、防霉等特点,可减少粮食须彻底翻晒所带来的麻烦,省时、省事。

(4)可作为塑料温室大棚的"气肥"

农作物生长所需 CO_2 浓度一般为 600 ppm[①],所以通常空气中 CO_2 浓度远远不能满足作物需要。尤其是塑料温室的大棚内,白天光照增强,光合作用相应加快,使温室内的 CO_2 浓度下降较快,消耗的 CO_2 又得不到很好补充,致使光合作用受阻。如果在塑料温室大棚中补充 CO_2 "气肥",提高 CO_2 浓度,就可以提高室内光合作用效率,实现增产目的。

2.4.2 二氧化碳增加对农业生产的影响

工业革命前,大气中 CO_2 的含量几乎是相对稳定的数值。这主要是因为自然界中植物光合作用所需要的 CO_2 与生物呼吸作用及由其他因素所产生的 CO_2 基本相对平衡,这种生态平衡是生物生存、发展的必要条件。而工业革命以来,CO_2 浓度明显增加,由此引发的全球气候变化对农业产生了一系列的影响。CO_2 浓度的增加及全球气候变化对农业的影响有利有弊。

2.4.2.1 有利影响

使农作物适应和抵抗不利因素的能力增强。大气中的 CO_2 通过气孔进入叶面时,水分子也乘机跑了出来,据分析,叶面每吸收一个 CO_2 分子,就要消耗 100～400 个水分子。当大气中 CO_2 大量增加时,气孔只要微微张开,就可以吸收到足够的 CO_2,使作物的蒸腾减小,水分利用率提高。因此,大气中 CO_2 浓度的增加,可增强作物对低温、低光照、干旱、土壤盐碱化、空气污染等不利因素的抵抗能力,城区的植物在不利的生态环境条件下,能苗壮成长,也与城区大气中 CO_2 浓度较高有关。

减少农作物光合产物的消耗。小麦、水稻、大豆等 C3 植物进行光合作用时,要进行光呼吸,消耗了大量的能量,而较高浓度的 CO_2 可以抑制呼吸。据实验,当 CO_2 的浓度达 600 ppm 时,比在 350 ppm 条件下,光呼吸要减少一半,于是节省下来的能量就可能转移到生物体上来,从而提高农作物的产量。值得一提的是,C4 植物由于存在极小的呼吸,所以具有高产特性。

使农业生产的范围发生变化。在高山、高原和高纬度低温地区,CO_2 的"温室效应"使气温升高,会对农业生产的地域分布产生有利影响,使积温增大,适应于农作物生长的时间增长了,使一部分农作物出现了向高纬度和高海拔迁移的倾向。农业生产的这种地域变化在某种程度上补偿了因海面上升对农业生产带来的不利影响。

对农作物品质的影响。CO_2 对蔬菜类农产品的品质有一定程度改善。

2.4.2.2 不利影响

CO_2 浓度增加对农业产生的不利影响,主要是由 CO_2 浓度增加引发了全球温度升高带来

---

① 1 ppm＝10^{-6},下同。

的。第一,温度升高加速作物的生长进程,使农作物生育期缩短,使其来不及积累较多的光合产物,造成产量有可能降低;CO_2 增加使植物组织内的碳水化合物增加,氮比例减少,大宗作物籽粒中蛋白质含量下降,微量元素有下降趋势,多施化肥又会引起成本增加。第二,温度升高会导致高温干旱类极端气候事件增加。比如,在我国西北地区,温度升高使蒸发耗水大大增多,对那些水分已亏损的地区来讲,干旱加重,严重制约农业发展。在低纬度地区,温度增高一方面可能会加重作物遭受高温威胁的概率,造成高温热害频繁,农作物产量及品质受到影响;另一方面,温室效应通过影响病虫草害间接对农业产生较大的不利影响,因为温度升高有利于大部分病虫害和草害的发生和发展,农业受到病虫害侵袭的概率大大增加,对农作物的损害比例也会明显增加。

2.4.3 农田二氧化碳状况及其调控

2.4.3.1 农田中的 CO_2 状况

研究表明,大气与农田群体中的 CO_2 浓度,不仅与 CO_2 通量、风速、大气层结稳定度有关,而且还受到许多生物和环境因子的制约,CO_2 浓度是不断变化的。

主要表现在:a.晴朗无风天气下,近地层 CO_2 浓度呈明显的昼低夜高变化规律,夏季尤为突出。CO_2 浓度随高度变化白天为光合型(即随高度递增)、夜间为呼吸型(即随高度递减),傍晚、清晨相互转化。b.各月 CO_2 浓度的变化与农业生物在一年内的兴衰密切相关,表现为暖季低而冷季高。c.大气中 CO_2 浓度变化,一般波动到距地面约 16 km 处,越接近地面波动越大,且随高度的增加,最高值明显滞后。d.群体内 CO_2 浓度时空分布因群体种类、状态及气象条件而有很大变化。如风大时或通风好的群体中 CO_2 浓度变化小,反之则变化大。

2.4.3.2 土壤和近地层 CO_2 调控技术

在白天,随着植物光合作用的增强,群体中的 CO_2 经常处于亏缺的状态,若此时提高 CO_2 浓度,将十分有利于作物生长发育、产量形成和品质提高,并已为国内外大量的研究与实践所证实。

(1)土壤 CO_2 释放的调节

如前所述,土壤空气中的 CO_2 浓度远高于大气,因此土壤大气间的浓度差导致了土壤中 CO_2 的释放,即"土壤呼吸"。土壤中 CO_2 的释放量因土壤湿度、含水量以及有机质含量不同而有很大差异。因此,可采取松土、增湿、施肥等措施,改变土壤物理特性和环境条件,以达到调节 CO_2 释放量的目的。

(2)田间 CO_2 浓度调控

大田条件下,作物光合作用所需要的 CO_2 主要靠大气供给。因此,在生产中为了保证有较多的 CO_2 被植物吸收利用,必须采取栽培措施来调节作物群体中的 CO_2 浓度。这些措施主要有:a.合理密植,改善田间通风条件。整枝打叶,使土壤中释放的 CO_2 尽量被光合机能强的绿色叶片吸收利用。b.种植行向要与当地盛行风向一致,改善田间通风条件,以有利 CO_2 随风进入农田。c.栽培时要宽行窄株距,改善群体通风条件,也可起到提高农田中 CO_2 浓度的作用。

(3)CO_2 施肥

由于 CO_2 属于气体物质,容易逸散,因此,CO_2 施肥仍主要在人工设施条件下有限的面积上进行。CO_2 气源主要有:a. 干冰。价格昂贵,且降低气温。b. CO_2 发生剂。碳酸氢铵、碳酸盐加稀硫酸或者石灰石加盐酸在 CO_2 发生器中起化学反应释放 CO_2,成本较高,安全性差,易造成有毒气体污染。c. 工业尾气。如酒精生产过程中产生的 CO_2 气体,压缩于钢瓶中,使用效果较理想。d. 燃料。燃烧天然气、石油、煤油等释放 CO_2,有污染。

一般地,在作物的 CO_2 临界期(生殖生长期)、最大需要期(营养、生殖生长两个旺盛时期)、CO_2 限制期(光照强、气温较高、供水充分)增施 CO_2,效果较好。而一般维持在正常 CO_2 浓度的 2~3 倍水平,即可达到较好的施肥效果,不宜超过 10 倍。

2.5 风与农业生产

2.5.1 风对农业生产的有利影响

2.5.1.1 风可以调节作物的光合作用和蒸腾作用速率

风能影响农田湍流交换强度,增强地面与空气的热量和水分等的交换,增加土壤蒸发和作物蒸腾,也增加空气中 CO_2 等成分的交换,使作物群体内部的空气不断更新,对株间的温度、湿度、CO_2 等调节有重要作用,因此可以调节作物的光合作用和蒸腾作用速率。

和无风相比,低风速条件下,农田中 CO_2 的扩散阻力减小,有利于 CO_2 的输送,光合作用强度随风速增大而增强;风速超过一定限度,则光合作用强度反而降低。大风条件下,叶片蒸腾旺盛,叶片的水分条件恶化和气孔开张度减小,致使光合作用强度降低。

2.5.1.2 风有利于某些花粉和种子传播

自然界中的许多植物是借助风的力量进行异花授粉和传播的。风速的大小会影响授粉效率和种子传播距离,从而对植物的繁衍和分布起着较大的影响作用。

农业生产中风能帮助异花授粉作物(如玉米)进行授粉,增加结实率,提高产量。在作物(如油菜)和果树开花时,风能散播花的芳香,招引昆虫传授花粉。风能传播种子,如杉树种子靠风力传播到远处,扩大繁殖生长区域。

2.5.2 风对农业生产的不利影响

风可以对农业生产造成直接危害和间接危害。直接危害有大风引起作物机械损伤、风沙可加重干旱并造成土壤风蚀沙化、影响农事活动和破坏农业生产设施。

风也可以通过传播病虫害、扩散污染物质等对农业生产造成间接危害。

2.5.2.1 大风对作物直接造成危害

风力在 6 级以上就可对作物产生危害。风速≥17.2 m/s(8 级以上)的风称为大风,它对农业危害很大。大风可造成林木和作物倒伏、断枝、落叶、落花、落果和矮化等,从而影响其生长发育和产量形成。例如,水稻开花期前后受暴风侵袭而倒伏所造成的减产是很严重的。

另外,大风加速植物蒸腾,使耗水过多,造成叶片气孔关闭,光合强度降低,在北方,春夏季大风可加剧农作物的旱害,冬季大风可加重越冬作物冻害。

2.5.2.2 风能加重干旱,造成土壤风蚀

干旱地区和干旱季节如出现多风天气,不但造成土壤水分消耗增加,旱情加重,大风还会吹走大量表土,造成风蚀。长久的地表风蚀可造成土地沙漠化。中国北部和西北内陆地区,风蚀十分强烈,如内蒙古乌兰察布市后山地区开垦的农田,经过 30～50 年,已有 43％被风蚀沙漠化,风蚀深度一般在 40 cm 左右。近 20 多年来,海拉尔周围开垦的土地,黑土层平均已被吹蚀20～25 cm。

2.5.2.3 风能传播病虫草害

风能帮助传播病原体和害虫,引起作物病虫害蔓延。据研究,小麦锈病孢子在春季偏南风吹送下向北方传播,到冷凉地区越夏;秋季随着偏北气流吹向南方冬暖区,造成危害。而黏虫、稻飞虱等害虫,每年春夏季节随偏南气流北上,在那里繁殖,扩大危害区域;入秋后就随偏北风南迁,回到南方暖湿地区越冬。另外,风还传播杂草种子,扩大繁殖区,对于农作物的生长也会造成不利的影响。

2.5.3 防御风沙害的措施和对策

2.5.3.1 增加地面植被覆盖

营造防风林、架风障是减轻风害、保护土壤和作物的有效措施。风蚀沙化区可进行封沙育草、育林,保护草场。

2.5.3.2 改进农业技术措施

利用生物技术选育矮秆、茎秆坚韧能抗风的优良品种;调节播种期,尽可能避开风沙害时期;高秆作物的培土防风;果树类的修剪、整形和立杆支撑;作物种植行向与地区盛行风向一致等。

2.5.3.3 调整农业生产结构

调整不符合生态原则的土地使用结构,合理布局农牧业。风沙和干热风危害的黄淮平原,实行粮桐间作,一般可降低风速 20％～50％,并能调节、改善农田温、水、光状况;农牧过渡带防止滥垦,草原要防止超载放牧等。

第 3 章　农业气候学

3.1　农业气候学概述

农业生产是在自然条件下进行的生物生产过程,农业的高产、稳产、优质、低耗在相当大的程度上受到气候和土壤等自然条件的影响和制约。气候和土壤是作物产量形成的首要和必需条件,而气候条件又在很大程度上决定土壤形成和不同地区土壤水热状况的季节变化特点,因此气候在农业生产实践的自然因子中起到主导作用。

气候为农业生产提供了必备的物质能量,包括热量、光照、水分、空气等。不同的气候类型有不同的特点,影响农作物种类、分布、熟制、产量、种植方式、配置、生产潜力等。

3.1.1　气候形成因素

影响气候形成的主要因素有太阳辐射、大气环流和下垫面状况。随着工业化的发展和人口的增多,人类的活动对气候的影响日益显著,已成为气候形成的因素之一。

3.1.1.1　太阳辐射

太阳辐射能是地面能量的主要来源,也是大气中一切物理现象和物理过程的基本动力,因此太阳辐射是气候形成的首要因素。由于到达地球表面的太阳辐射能量是随纬度和季节而变化的,所以形成了气候的南北差异和季节交替。

太阳辐射在大气上界的时空分布,称为天文辐射。由天文辐射所形成的天文气候,反映了世界上实际气候的基本状况,特点有:

1)太阳辐射年总量随纬度增高而逐渐减少。

2)在北半球夏半年太阳辐射总量的最大值在 $20°\sim30°N$,为 $720\times10^7\ J/(m^2\cdot a)$,由此向北向南逐渐减少。

3)在北半球冬半年太阳辐射总量的最大值在赤道,为 $660\times10^7\ J/(m^2\cdot a)$ 左右,并且随纬度增高迅速减少,到极地已减少为 $0\ J/(m^2\cdot a)$。

4)冬半年、夏半年太阳辐射总量的差异随纬度增高而增大。

5)同一纬度上,太阳辐射总量都是相同的,也就是说,太阳辐射总量具有与纬圈平行成带状分布的特点。

辐射值的不均匀分布,造成了热量平衡的差异,影响到全球温度的分布。因此产生气压差,形成空气运动,进而影响云雾、降水等气候要素的分布,使得全球一年中最热地带在回归线附近而不在赤道上。由此可见,太阳辐射在气候形成中起着重要作用。

3.1.1.2　大气环流

大气环流也是影响气候形成的重要因素。它可以促进热量的交换,使高低纬度之间的温差得以缓和；也可以带动水汽的输送，使海陆之间的水分得以循环。

同一地区，由于受不同环流条件的影响，会出现截然不同的气候状况。

相反，同一种环流，由于受不同地区海陆分布的影响，也会形成不同的气候状况。

大气环流既有稳定性又有易变性。在稳定的大气环流作用下，气候趋于平均状态，农业生产较为有利；在大气环流变异的情况下，也会形成气候异常现象（如干旱、洪涝等），并可引起连锁反应，给农业可能造成诸多方面的不利影响。

3.1.1.3　下垫面

下垫面是大气中热量和水分的主要来源，又是空气的边界面。下垫面不仅可以影响辐射过程，还会决定气团的物理性质等。所以，它也是一个气候形成的重要因素。下垫面主要包括海陆、洋流、地形、植被、土壤、冰雪等，下垫面对气候的影响主要包括：

1）海陆分布对气候的影响。

2）洋流对气候的影响。

3）地形对气候的影响。

3.1.1.4　人类活动

人类活动对气候的影响是多方面的，影响的性质和程度又因社会制度和发展水平不同，但其影响途径可归纳为下垫面性质的改变、大气成分的变化和人为热量释放。

人们为了耕种、放牧或其他生产活动，大量滥伐森林、破坏草地，造成了地表状况的剧烈改变，使气候日益恶化，以至有些土地沦为沙漠或半沙漠。同时，人们为了发展生产、改善生活也进行农田灌溉、植树造林、修建水库等各种有益活动，这些活动往往起到改善局地气候的作用。例如，灌溉可使干旱地区蒸发的水汽量增加，空气湿度增大，风沙减少，温差变小；种植防护林可减弱风速，增大湿度，防风固沙；建造水库，可增大湿度，减小温差。在城市，由于楼房的建筑和道路的铺设，严重地改变了下垫面的性质和状况，使其粗糙度、反射率、辐射性质和水热状况等与农村有显著的不同，以致形成城市污染重、烟雾多、日照短、温度高、雨量大、风速小等基本的气候特征。

随着世界工业的飞速发展和人口的急剧增长，CO_2 等气体排放量增多，加剧了大气的温室效应，使全球气候明显变暖。据估计，当 CO_2 浓度倍增时，气温将升高 2～3 ℃。但同时烟尘和废气的排放，又可使空气变得混浊，从而削弱到达地面的太阳辐射量，造成温度的降低。

人类在生产和生活过程中向大气中释放大量的热量，可直接增暖大气，尤其是在工业区和大都市局地的增温作用更加显著，产生"城市热岛效应"。这种人为释放的热量虽然远远比不上太阳辐射能量，但由于其呈逐年增加的趋势，应当引起人们关注。另外，由于大气中二氧化硫和氮氧化物的不断增加，可产生酸雨，给农业生产和建筑物等造成严重危害。

为保护人类及动植物赖以生存的环境，应尽量减少人类活动对气候产生的不利影响。人们已开始注意自然生态系统平衡问题，正进一步研究人类活动对气候的影响。

3.1.2　农业生产与气候

农业生产和气候条件之间关系密切。气候对栽培作物的种类、品种、熟制、种植方式、作物结构的地理分布（纬度、高度）起重要作用；气候条件对作物发育、产量、品质的形成有极大的影响；气候决定当地农业生产季节、农事安排、农业技术措施的采用、播种期、收获期以及管理特点等;还可以通过不同农业措施调节、改善以至局部控制、改造农田小气候。

我国幅员辽阔、地形复杂,气候类型丰富多样,因而各地有着不同的作物种类、品种和熟制。例如,我国热带作物橡胶、椰子、咖啡、可可等,分布在全年无冬、年降水量大于 1500 mm、平均极端最低气温在 5 ℃或以上的地区。在年降水量小于 800 mm 的东北地区种植的主要为春小麦、大豆、春玉米,一年一熟;日平均气温≥0 ℃的积温在 3200 ℃·d 的华北平原为一年两熟或两年三熟,主要种植的是冬小麦、夏玉米;年降水量大于 800 mm 的秦岭—淮河以南主要为一年两熟到三熟,主要种植水稻、柑橘、甘蔗、油菜等。在年降水量较少的干旱地区,如西北地区主要种植经济作物胡麻等。

农业气候的垂直差异也影响农业的垂直分布。例如,我国云南省地处低纬度高原,受横断山脉的海拔高度影响,"立体气候"显著,从山顶到谷底,普遍都有 2000 m 左右,甚至更深。这样巨大的高度差,从山上到山脚一般可以划分出 6 个垂直气候带:a. 高山寒带,只有畜牧业,还有高山植物群落。b. 高山亚热带,作物生长期很短,只能在背风向阳的地方种青稞、少数蔬菜和饲料,草场利用充分,一些生长在高山的药用植物也非常珍贵。c. 山地寒温带,小麦、青稞、大黄等作物都可生长。d. 山地温凉带,夏季更加温暖,草本植物生长很茂盛。e. 山地暖温带,处处都有野生的红花、玫瑰、金银花等。f. 谷底为亚热带和热带,粮食作物水稻普遍一年两熟。因此,云南省具有我国各地的气候特点,植物和农作物的种类极多,素有"天然植物园"之称。这正是气候垂直差异对农业垂直分布的影响。

气候条件对作物的生长发育和产量的形成有很大的影响。由于作物生长发育需要一定的热量、适宜的水分和充足的光照,所以光、温、水等条件配合得越好,作物生长发育状况就越好,产量也越高。

气候条件对农产品品质的影响也很大。由于农作物生育期的降水多少、温差大小,以及紫外线含量的高低等对农产品品质形成均有很大的影响,因而在不同的气候条件下,农作物的品质也不一样。如在东北地区,光照充足,昼夜温差大,作物生长周期长,特别是水稻灌浆成熟期夜温较低,有利于米粒玻璃质的形成,米质好,不易碎,所以我国北方大米品质优于南方。

气候条件对农作物的遗传性影响很大。作物在一定自然条件下长期生长,同化了生长环境中的某些条件,形成自身生长发育的要求。例如,起源于北方高纬度地区的冬小麦品种抗寒性强,要求长日照;起源于南方低纬度地区的水稻品种,感光性强,要求短日照。

气候条件对一些农业结构、生产类型、引种以及农业机具等都起到很大的作用。例如,在年降水量为 800 mm 的秦岭—淮河分界线,在分界线以南是我国主要水田农业区,而以北则为我国主要旱地农业区。

综合来看,农业生产与气候是辩证统一、紧密联系的。气候资源对农业生产来说是可更新资源,只要充分发挥人的主观作用,不断揭示各地农业气候特征,认识和遵循客观规律,趋利避害,就能最大限度地利用气候资源的潜力。

3.1.3 农业气候学及其任务

农业气候学是研究农业生产与气候条件(包括土壤条件)之间相互关系及其规律的一门科学,是农业气象学重要的组成部分。通过研究农业生产与气候条件之间的定量关系,分析地区间农业气候条件的差异及其对农业生产的利弊程度,评价地区气候资源的农业生产潜力,为充分合理地利用气候资源,最大限度地抵御不利气候的影响,为农业高产、稳产、优质、低耗提供科学依据。

我国地处欧亚大陆的东南,幅员辽阔,地形复杂,气候类型多,农业气候资源丰富,农业生产潜力大。但是,我国气候大陆性和季风性强,气候的年际变化大,气象灾害频繁,对农业的稳产、高产极为不利。因此,充分认识我国各地气候规律和农业生产特点及之间的相互关系,研究不同气候区域的农业生产潜力,进行科学的农业气候区划,为制定农业规划提供依据。农业气候学的基本任务可归纳为以下几个方面:

a.研究农业对象(农、林、牧)及其生产过程对气候条件的具体要求和反应的规律。b.研究农业气候资源分析和区划方法。c.研究农业气象灾害发生规律和防御灾害措施。d.研究农业气候变化对农业影响的理论和对策。e.研究农业地形气候及其开发利用。

农业气候研究的对象是生物有机体与气候条件的结合。气候条件和生物有机体都具有较大的可变性。任一地区的气候是由很多因子决定的,而且还有年际变化;作物的特性及其生态适应性也是多种多样的,农业生产和气候的关系又有不同的组合。因此,针对不同农业生产对象及生产过程,既要研究如何充分合理利用气候资源,也要规避不利气候要素。

3.2　农业小气候

3.2.1　小气候概念

在大气候条件下,由于下垫面某些构造和特性的不同,造成热量和水分收支差异,形成了近地气层和土壤上层局部地区的特殊气候,称为小气候。

小气候与大气候是特殊与一般、局部与整体、个性与共性的关系。小气候是在大气候背景条件下形成的,但又与大气候有明显的差异。小气候在形成因素、影响范围和变化幅度等方面与大气候都不相同。大气候的形成决定于纬度、大地形、大环流;而小气候的形成决定于小地形、小环流。大气候的影响范围大,水平方向上可达几十到几千千米;而小气候的影响范围小,水平方向上只有几米到几千米。大气候变化缓和,水平方向上温度梯度约为每千米几摄氏度;而小气候可能变化剧烈,可以达到每分米几摄氏度。

农业上,由于不同的作物种植、动物养殖和农业生产过程中进行的人工改良措施等而形成的一种独特的小气候,称为农业小气候。农业小气候是生物活动最重要的环境,它直接影响作物的生长发育及产量、品质等,也影响病虫害的发生、发展。农业小气候又可分为农田小气候、果林小气候、茶园小气候、农业设施小气候、蚕室小气候、禽舍小气候、水域小气候等。

3.2.2　小气候形成的物理基础

3.2.2.1　小气候形成因素

小气候形成和变化的因素有两个:一个是辐射因素,另一个是局地平流或湍流因素,而局地平流因素是小气候形成和变化的动力基础。

由小范围下垫面性质和构造不同而产生辐射收支差异形成的小气候,称为"独立小气候"。而由于受性质不同的邻近地段移来的空气影响形成的小气候,称为"非独立小气候"。当然,这也是相对而言的,因为辐射因素和局地平流因素也不是完全孤立的,而是相互影响的。在晴朗无风的天气条件下,辐射因素占主导地位,这时独立小气候表现得最为突出。此时进行观测,才能获得典型的小气候资料,掌握真正的小气候特征。而在大风、阴雨的天气条件下,辐射因素变成次要地位,平流因素变成主导地位,这时的小气候已成为非独立的了,有时不但没有"独立"和"非独立"的区别,连小气候和大气候现象界限也分不清了。

3.2.2.2 活动面与活动层

由于辐射作用直接吸热和放热,从而影响其上下物质层(包括气层、土层、水层、作物层等)热状况的表面,称为活动面。活动面是一个物质面,是不同物质层的交界面,也是能量变化最急剧、水分相变最剧烈的面。例如,裸地、土面就是活动面;水域、水面也是活动面;而农田,一般表现有两个活动面:一个在茎叶最密集的高度(约为 2/3 株高),一个在地面,分别称为外活动面和内活动面。

活动层:实际上,辐射能的吸收和放射、水分的蒸发和凝结等,不只是发生在一个面上,而往往发生在具有一定厚度的物质层中,这个物质层就称为活动层。

沙土的活动层只有零点几毫米;作物的活动层几乎就是整个作物层;而水体的活动层则可达几米甚至几十米。

3.2.3 农田小气候

农田小气候是以农作物为下垫面的小气候,它是农田贴地气层和土壤上层与农作物群体之间生物学和物理学两种过程相互作用的结果。因而不同的农作物有不同的小气候特点。同一种农作物又因作物品种、种植方式、生育期、生长状况和管理措施不同,形成相应的不同的小气候特征。农田小气候特征主要有以下几方面:

3.2.3.1 农田中光的分布特征

农田中因植被的存在,使进入农田的太阳辐射在植被中被多次吸收、反射、透射而减弱。太阳辐射在植被中的衰减过程基本遵循比尔—朗伯特定律。如果植被茎叶上下分布均匀,且相当稠密,并吸收全部入射辐射,此时太阳辐射在植被中的减弱过程可近似看作一种连续变化,则光能的削减可按作物群体内辐射衰减公式计算。

3.2.3.2 农田中温度的分布特征

农田中的温度状况主要决定于农田的辐射、湍流交换及蒸散耗热状况等。作物生长初期,因茎叶稀疏,对地面覆盖不大,这时农田对空气温度影响不大,气温的垂直分布基本与裸地相似,即白天呈日射型分布,夜间呈辐射型分布。在作物封行以后,进入植被的太阳辐射受到削弱,使到达地表的太阳辐射量大为减少,此时地温不可能太高。气温在植被中的垂直分布也发生了变化,白天植被层某一高度上出现了气温最高值,这层获得的辐射量最多,湍流交换弱,蒸腾也较小。由此向上、向下温度逐渐降低。

作物生育后期,茎叶枯黄脱落、密度减小,投入株间和地面的辐射增多,湍流交换强,农田蒸散小,所以此时农田中的温度分布又和生育初期相似。以上讨论的是旱地禾本科作物的温度分布特征。对大多数叶片呈水平分布的阔叶植物,其温度分布与禾本科植物有很大的差异。白天阔叶植被表面几乎截获了全部的太阳辐射,因而最高温度出现在植被表层。由此向下温度降低。夜间植被表面冷却最甚,但水平阔叶不能阻碍植被上层的冷空气下沉,因此,最低温度出现在地面。这种温度分布特征对棉花、大豆、油菜及多种蔬菜来说具有相似的特征。

3.2.3.3 农田中湿度的分布特征

农田中的湿度分布和变化,除决定于农田蒸散量和温度外,还与农田中的湍流交换强度有密切相关。在作物幼小、稀疏的生长初期,作物蒸腾面较小,所以土壤表面是主要的蒸发面。到了作物生长盛期,茎叶密集的活动层成为主要的蒸腾面。白天植株间空气湿度往往从表面向上逐渐减少,夜间这种减小趋势变小。由于有时夜间植被上有露、霜的形成,因此使空气中水汽减少,湿度分布呈上干下湿型分布。作物生长后期,其湿度分布又与裸地相似。

由于农田蒸散量比裸地蒸发量大,湍流交换比裸地弱,因此,同高度上农田的空气湿度不论白天和夜间都比裸地高。两者的湿度差值,白天较大,夜间较小。

3.2.3.4 农田中风的分布特征

农田株间风速的分布与作物高度、密度以及栽培措施有密切关系。作物生长初期,植株幼小,这时农田中风速的垂直分布与裸地相似,风随高度的增加而增大。作物生长旺盛时期,进入农田中的风受作物的阻挡,一部分被抬升并从植冠顶部越过,风速随高度增加按指数规律增长;另一部分气流进入植被中,株间风速呈近似"S"形分布。在作物茎叶密集的部位,摩擦阻力大,风速下降较快。在植株基部风速又有所增加,出现次大值,这是因为农田外气流能通过枝叶较少的基部并深入农田的结果,到地表附近的风速又趋于 0 m/s。农田中风速的水平分布也有差异,一般为自边行向里不断递减。它的大小与作物种类、播种密度、生长期等有关。

3.2.3.5 农田中 CO_2 的分布特征

农田中 CO_2 浓度的大小直接影响农作物的光合强度和干物质的积累。因此,农田中 CO_2 的分布和变化取决于大气中 CO_2 的浓度、土壤和作物释放的 CO_2 量、作物光合作用对 CO_2 的吸收量,以及风速和天气条件。

农田中 CO_2 的垂直分布。夜间(傍晚、清晨)土壤和株间都释放 CO_2,CO_2 浓度随高度的增加而呈减小的趋势;而白天(上午、下午)由于作物吸收 CO_2 量远大于土壤和植株的释放量,田间 CO_2 浓度减少,最低点出现在作物层的某一高度上。从清晨到下午的这段时间内,最低点有逐渐下降的趋势,这可能是由于中午以后的叶片供水不足或是气孔关闭,使光合作用减弱。

在作物生长季节,白天作物进行光合作用吸收大量 CO_2,使农田中的 CO_2 浓度迅速降低,此时农田从大气中获得 CO_2 补充,大气是 CO_2 源,农田是 CO_2 汇。而夜间,作物因呼吸作用放出大量 CO_2,并向上层大气输送,此时农田是 CO_2 源,大气是 CO_2 汇。当农田通风良好时,可使农田获得大气中 CO_2 的大量补充,农田中 CO_2 浓度保持在大气平均浓度的水平上,于是农田 CO_2 浓度的日变化较小。反之,通风不好(风速过小或植株过密),日变化明显增大。晴天的中午可使农田 CO_2 浓度降至最低,甚至可使植株处于 CO_2 饥饿状态。

3.2.4 农业设施小气候

随着农业科学技术的飞速发展,近年来,人们利用农业设施发展高效农业,例如塑料大棚、日光温室、连栋温室等,在早稻育秧、蔬菜、花卉栽培及畜禽水产养殖上已有广泛应用。

3.2.4.1 温室内的辐射

由于温室的覆盖材料和结构等的影响,一般温室的光照比室外低。

温室内的光和辐射状况与覆盖物的光学性质有密切关系。生产上常用的覆盖物为聚氯乙烯、聚乙烯和玻璃,它们对可见光的透过率大致相当,但对紫外线的透过率却有较大差异,聚乙烯和聚氯乙烯对紫外线有一定的透过能力,而玻璃却几乎不能透过。因而玻璃温室的作物往往植株细弱、病害较多。玻璃对红外线的透过率也很低。据测定,大于 8 μm 红外线全被玻璃吸收和反射而不能透过;而聚乙烯和聚氯乙烯却有相当高的透过率。夜间玻璃截留大气长波辐射的能力高于聚乙烯和聚氯乙烯,因此玻璃温室夜间的保温性能比聚乙烯和聚氯乙烯好。另外,对长波红外线的透过能力聚氯乙烯比聚乙烯小,说明夜间的保温性能前者比后者好。

温室的方位和结构可影响透光率,例如冬春季东西长的温室比南北长的温室透光率平均提高 10%。另外,温室屋面倾角(温室顶面与地平面的夹角)对太阳辐射的反射率影响很大。当太阳入射角小于 40°时,其反射率低于 9%;当入射角大于 40°时,反射率明显增大;60°以上几乎全反射。因此设计合理的东西延长温室屋面倾角,使其在冬春季太阳入射角小于 40°,就可将反射率减小到 10%以下,大大改善了温室内的光照条件。

3.2.4.2　温室内的温度

温室的通风换气状况、覆盖材料、蒸散耗热、温室比面积(物体单位体积的表面积)及室外天气等诸多因素决定着温室内的温度。

大型温室的比面积小,冷却效应小;小型温室的比面积大,冷却效应大。因此,大型温室的保温性能比小型温室好。

晴天温室内气温有明显的日变化,夜间气温平均比室外高 1～4 ℃;阴天温室内外温差减小,且日变化不明显,说明天气条件对温室的增温效果影响很大。

温室内气温的分布很不均匀,室内各部位温差最大可达 5～8 ℃,晴朗白天南侧比北侧温度高 2～3 ℃,夜间南侧降温快。所以南侧温差大,光照条件好,对花卉蔬菜生长十分有利。

寒冷季节,尤其是夜间,温室内的增温防冻对作物生长发育至关重要。为了调控温度,人们采用下列办法:a.在室外四周挖防寒沟,沟内填入杂草、谷壳等隔热物质,以减小土壤中热量的水平交换。b.采用多层覆盖,如薄膜温室的覆盖,可用两层薄膜,薄膜之间充以空气,或在大棚内另加小棚,在地面上再加地膜,也可在温室外夜间盖上草帘等。c.人工直接加热,如点燃煤炉或热风炉、输送暖气等。相反,暖热季节,温室的降温也必不可少。通常可采用通风、遮阴、喷淋等措施进行温度调控。

3.2.4.3　温室内的湿度

温室内的水汽主要来源于土壤蒸发和植株蒸腾。温室内由于空气湍流交换受到抑制,水汽又被阻隔,造成温室内湿度全天都高于室外,经常处于饱和或接近饱和状态。因此,常使植物蒸腾作用受到抑制,植株生长柔弱,易染病害。

3.2.4.4　温室内的 CO_2

覆盖物的封闭作用,限制了温室内外 CO_2 的交换,使室内 CO_2 浓度的日变化幅度显著增大。在密闭温室内,从入夜到日出前,由于植物呼吸和土壤有机质分解,不断放出 CO_2,使室内 CO_2 浓度升到 500～1000 ppm;日出后随着作物光合作用的增强,CO_2 浓度迅速下降;从 09～10 时起直至午后,都处于最低值约 100 ppm,有时甚至低于 80 ppm,几乎处于或接近 CO_2 浓度的补偿点,对作物光合作用极为不利,若作物处于缺乏 CO_2 的饥饿状态时间过长,将使作物生长衰退,根系发育不良,产量降低。因此,必须提高日间温室内 CO_2 浓度。可采取的办法常有:a. 通风换气,可使室内 CO_2 浓度提高到 300 ppm 左右。b. 增施有机肥,可使室内 CO_2 浓度略有提高。c. 直接在室内进行 CO_2 施肥,以提高浓度。

3.2.5　林地小气候

所谓林地,泛指木本植物长期生长之地,包括森林、防护林、绿化林、果园、桑园、茶园等。

3.2.5.1　林内辐射

林内辐射分布主要决定于植株高度、密度、叶层分布、叶片角度和方位等。无论哪一层叶片,光线主要来自上方,而下方的反射光是比较微弱的。来自四方的侧光,在植株上层,受太阳方位角和高度角的影响很明显,越到植株下层,则越是均匀,对光的分布而言,下层叶片的排列方式则无足轻重。

3.2.5.2　林内温度

林带对温度的影响比较复杂,与林带的结构、天气类型、风速等因子有关。在林带间距很大的情况下,网格内(林带附近除外)温度状况和旷野差异不大。晴朗天气,林带网格内上下层之间热量交换较弱,气温稍高于旷野。农田上的空气温度从日出开始逐渐升温,最大值出现在14 时。夜间林带的存在加强了辐射冷却作用,阻碍了上下层空气交换,林网内气温稍低于空旷地。

3.2.5.3　林内湿度

由于林网内总蒸发量增加,而风速和湍流交换减弱,水汽比较容易保持在林网内,因此,近地面的绝对湿度和相对湿度通常比旷野高。

3.2.5.4　林内风速

林带具有很好的防风效果,林带越高,影响范围越广。风进入林带时,速度减慢,而当气流通过和越过林带以后,并不立刻下降到地面,也不能立刻恢复其强度,而是在林带后面形成弱风带。

3.2.6　水域小气候

水域小气候是指大型水面及其沿岸地带为活动面而形成的小气候。由于水陆热力性质不同,水域上的空气热状况和水汽含量与空旷的陆地也不同,从而影响着邻近农田的小气候。

温暖的季节,白天水域上空气温度低于陆地,空气由水域流向陆面,即把温度低的湿空气带入陆地,可使农田凉爽湿润;夜间空气由陆面流向水面,即把冷空气带入水域,而水域上的暖空气由上空流入陆地下沉,使农田辐射冷却得以缓和。

由于水域对其岸边进行热量和水汽的输送,促使陆地出现温和湿润的小气候特征。水域岸边初霜期推迟,终霜期提前,无霜期延长。

水域对邻近陆地的影响与水域的面积大小、深度及岸边的地形特点有关。水域面积越大,深度越深,则对岸边陆地的影响越大,在其下风岸陆地受水域的影响比上风岸的陆地大。

3.3 农业气候资源

一般来说,"资源"是指可用于人类活动的自然物质和自然能量。从农业的观点来说,气候是农业生产中的重要资源之一,故称之为农业气候资源。

农业气候资源是由太阳辐射、温度、降水、风等气候要素组成。气候要素在农业生产中的数量、组合与分配状况,在一定程度上决定了一个地区农业类型的结构、农业生产力和农业生产潜力。因此,需要掌握各地区农业气候资源状况及其时空分布规律,充分合理地利用农业气候资源,发挥各地区的农业气候优势,防避不利气候条件,科学地为农业生产区域化、专业化提供气候依据,为商品经济的发展和农业现代化服务。

3.3.1 农业气候资源概念

农业气候资源指对农业生产有利且直接参与农业生产过程的光照、温度、水分、气流和空气成分等条件及其组合。农业气候资源的主要特征是:a. 是一种取之不尽的资源。由于日地位置及其运动特点和地球生态系统的相对稳定性,形成了各种气候的无限循环性,光、热、水、气等农业气候要素不断循环和更新,成为一种取之不尽、用之不竭的可再生资源。b. 具有明显的时空变化规律。农业气候资源在地球表面上呈现出有规律的不均匀分布,光、热、水资源的数量一般由赤道向两极递减,且由于地球表面的不均匀和生态系统的复杂性,形成了地球上多种多样的农业气候资源类型,从而形成了全球范围内农业生产类型的多样性。农业气候资源还随天气、气候不断变化,在明显周期性变化特点之上叠加较大的不稳定性,导致农业气候资源年际间的变化,从而引起作物产量的波动。c. 要素的整体性和不可取代性。农业气候资源的整体是由于农业气候条件作为一个系统与农业生产相互作用的特征决定的,农业气候资源要素之间相互依存和相互制约以及不可替代性,构成了农业气候资源的整体性。对同一农业生产类型来说,任一有利的农业气候要素不能因其有利而替代另一不利农业气候条件。d. 有限性和可改造性。虽然农业气候资源总体上看是一种取之不尽、用之不竭的可再生资源,但就一定的时空来说又是有限的,因而各地的农业生产不仅类型不同,还受季节性限制,所以,必须因地制宜,不误农时。

光能资源也称太阳能,是自然界中绿色植物进行光合作用的能量源泉,不仅影响生物的生长发育、产量形成、品质优劣,还影响生物的形态特征,在动植物的生命过程中,在农业生产活动中都具有重要作用。光能资源通常采用太阳总辐射量、光合有效辐射量等来表示。

热量资源是指一个地区农业生产可以利用的热量条件,它是太阳辐射和地表、大气中各种物理过程的综合结果。一个地区热量状况的好坏直接决定其作物种植类型、生长发育状况和产量。热量资源通常用表征生长期长短、总热量多少、热量的季节分配及其强度的指标来表示,如平均气温、最高气温、最低气温、气温日较差,地面及各深度的土壤温度以及各类界限温度的日数、积温等。

水资源是指一个地区农业生产可以利用的水分条件,它决定生物生产力、作物产量、不同区域的植被类型、栽培植物种类及整个农业结构。水资源主要包括大气降水、地表水、土壤水和地下水,其中大气降水是决定因素。就农业气候而言,用来表示水资源的主要包括降水量、空气湿度(绝对湿度、相对湿度)、土壤水分及其它们的组合等。

空气资源是指一个地区农业生产可以利用的大气气体,是地球上生物生存的基本条件和保护屏障。与农业活动关系较大的空气资源包括二氧化碳、氮、氧及其他微量气体。二氧化碳是植物进行光合作用必需的物质,氮通过植物的生物固氮等形式转化为氮肥,供给植物营养;氧是植物调节剂,低浓度氧能抑制光呼吸,增强光合作用,大气中氧含量的变化也会引起动物的反应;其他微量气体除甲烷变为能源外,其余大多与农业没有直接关系或有害。

除了上述的几类外,农业气象研究和业务还经常使用一些综合要素(指标)来衡量农业气候资源,如干燥度、温光积等。

3.3.2　我国的农业气候资源

我国农业气候资源可谓丰富多样,具有明显的地域性、季节性和不均衡性,这些特点对农业的影响利弊共存。

总体来说,我国光、热、水资源的时空分布与农业生产需求的配备比较协调,热带、副热带地区热量充足,降水量丰沛,辐射量也较丰富。但有些地区分布并不协调,北方地区一般降水量自东部向西部递减,但光、热资源西部则优于东部。西北内陆地区降水资源不足,限制了农业对丰富的光热资源的有效利用。具体如下:

(1)充足的光能资源,利用潜力大

我国太阳年总辐射量和年光合有效辐射量分布相似。一般来说,年总量西部多于东部,山区多于平原。年日照时数呈从东南向西北增加的态势。

我国丰富的光能资源,对于绝大多数地区的农作物生长发育和产量形成是充裕的。但是光能资源的地区分布以及光能资源与水热资源的配合不够理想,限制了光能资源的充分利用。如水热资源较丰富的东部地区辐射量较少,而辐射量丰富的西部地区却水热资源不足。因此,有必要采取措施提高光能资源的利用率。按照平均每亩[①]产 200~250 kg 的粮田计,光能资源的利用率仅有 0.4%~0.5%;一季高产作物(小麦、玉米)亩产超 500 kg,利用率也不超过 1%;南方三季水稻高产田亩产 1500 kg,利用率也不超过 2%。可见提高光能资源利用率的潜力很大,如何提高辐射资源的利用率是农业生产中的一个重大研究课题。

(2)丰富的热量资源,有利于多熟种植

在进行农业气候资源分析时,通常用稳定通过 0 ℃、10 ℃界限温度的积温、最热月平均温度、无霜期等指标反映热量的多寡。

农作物生长发育除要求一定界限温度的积温外,还要求一定的高温条件,喜温作物尤其如此。通常用最热月平均气温作为指标。我国夏季风北上很远,使最热月平均气温南北相差小。全国大多数地区最热月平均气温均在 20℃以上,能够满足一般农作物的要求,这是季风气候给农业生产带来的有利条件之一。

农作物生长季的长短决定于各地的无霜期。大多数喜温作物,当地面温度降至 0 ℃或以下时,就会遭受霜冻的危害。农业生产中,常以地面最低温度≤0 ℃的初日、终日及其终日至初日的天数(无霜期)作为衡量作物大田生长时期的长短。我国各地初霜日、终霜日及无霜期的分布,一般地说,从北向南,初霜日推迟,终霜日提前,无霜期增长。同纬度地区,初霜日、终霜日和无霜期受地形海拔高度、距海远近等地理条件的影响。东北大部、内蒙古无霜期为

---

① 1 亩＝1/15 hm²,下同。

150 d 左右,只能满足生长期较短的作物,一般一年一熟。东北北部的兴安岭山地无霜期仅有100 d 左右。华北平原,初霜日在 10 月底,终霜日在第二年的 4 月上中旬,无霜期为 180～200 d,一般可以两年三熟,南部地区一年两熟。主要受终霜冻影响,影响小麦产量。江淮地区初霜日在 11 月中下旬,终霜日在 2 月底到 5 月上中旬,无霜期为 220～240 d,可种稻麦两熟。江南丘陵地区,无霜期较长,可达 270 d 左右,这是我国主要的双季稻产区。南岭及以南地区,无霜期在 300 d 以上,终年都能种植作物。雷州半岛以南及云南元江河谷、西双版纳地区全年无霜,可种植橡胶、椰子等热带经济作物。我国西部的黄土高原无霜期为 150 d 左右,北疆一般在 100～150 d,南疆在 150 d 以上,吐鲁番多达 200 d。四川盆地受地形屏障作用,无霜期在300 d 以上,比同纬度的长江中下游地区多 50 d 以上。云南中、北部因受从怒江、金沙江等河谷入侵的冷空气影响,加上海拔高,无霜期比同纬度的东部地区短 1～2 个月。青海东部、西藏东南部无霜期仅有 3～4 个月,而青海西部、西藏大部分为高寒气候,全年没有无霜期。

据统计,除约 28% 面积的高寒地区不适宜发展种植业外,其余约 72% 的地区可发展不同种类作物和不同种植制度。我国从北至南,可种植温带作物、副热带作物和热带作物,以及一年一熟、两年三熟、一年两熟和一年三熟等多熟制。这是我国农业气候热量资源的一大优势。

(3)水分资源东南半壁充沛,西北半壁不足

水分是农作物的基本生存因子之一。这里是以降水量作为各地水分资源指标。我国降水的地理分布和时间分配不均一,致使各地农业发展状况显著差异。

我国东南半壁年降水量大都在 400～2000 mm,热量丰富,降水量充沛,十分适宜农作物的需要,喜温作物种植面积大。东南半壁雨热同季的优越条件,是我国农业气候资源潜力最大的地区。而西北半壁年降水量多在 400 mm 以下,虽然辐射十分丰富,热量也较多,但水分短缺。自然降水不能满足必要的农业耗水,水分不足是农林牧业发展的限制因子。

此外,我国气候资源具备山地气候多样性的特点,这有利于因地制宜开发多种农业经济。由于我国地形复杂,高原和山地占据很大面积,对山地气候的利用是发展农业的一个重要方面。复杂的地形使气候发生变化明显超过地带性的水平差异,导致气候类型的多样性和相应的农业布局和熟制。这对于充分开发和利用多种组合的农业气候资源、发展多种经济有着重要意义。

气候灾害频繁、种类繁多是我国气候资源的不利之处。据统计,我国平均每 3 年就有 1 年发生较大范围的气候灾害。气候灾害是农业生产的一个制约因素。1949—1988 年,我国农业平均每年遭受旱、涝、低温、干热风、风、雹等灾害面积为 4.95 亿亩,成灾(损失 3 成以上)面积为 2.1 亿亩。其中以旱涝灾害最为严重。旱涝具有明显的季节性和地域性。此外,低温冷害、冻害、干热风、大风、冰雹也常有发生,它们都严重地威胁着我国的农业生产安全。

我国属于典型的季风气候,它具有雨热同季、水热共济的农业气候优势,但同时气候灾害频繁、种类繁多又是农业生产的不利因素。造成这种气候弊端的主要原因是季风的不稳定性,气候要素年际变化大。当某一气候要素(如降水或温度)年际波动大、偏离常年平均而出现极端值时,就会发生气候灾害。

3.3.3 农业气候资源分析与评价基本原则和步骤

农业气候资源分析与评价就是分析、研究农业气候资源的组成、变化规律以及农业气候资源与利用对象之间的相互关系,从而作出利弊判断。

3.3.3.1　基本原则

(1)抓住关键时期、关键因子

气候条件包含多种因子,其中光、热、水、气因子是重要的自然因子。由于地区的气候特点不同以及农业生产对象对各因子的要求不同,可能某一个或某几个因子对农业生产对象影响大,而其他因子能够满足要求。这些影响较大的因子就成了当地、当时影响农业生产对象的关键因子。关键因子有些只在某一时期对作物生长发育和产量形成起决定作用,这一时期就是关键期,关键因子在关键期是重要的。

(2)考虑农业气候资源的保证率和年型

农业气候资源具有周期性和稳定性,但也有波动性。所以,在分析时需要考虑农业气候资源的保证程度,一般要求保证率达 80%。如某作物要求生育期降水量若干毫米,气候分析时有 80% 的年份能达到要求即可;有些经济价值高的作物,根据需要可要求保证率达 90%,甚至更高。为适应气候的波动,农业气候分析时可分年型,如冷年、暖年、旱年、涝年等。

(3)遵循农业气候相似原理

在进行农业气候分析时,要按照当地气候和农业生产的特点,依据农业气候相似原理,对作物生长发育和产量形成起决定作用的气候条件,特别是最低限制条件进行相似性分析,为当地作物引种和农业布局提供依据。

3.3.3.2　步骤

1)根据一地区的气候和农业特点,确定使用何种气象要素作为评价资源的指标。

2)通过实验,查明主要生物在各种气候环境下的生产能力和发挥最大生产能力时所需要的气候条件及其时空分布。

3)开展中小地形的气象观测,摸清光照、气温、降水、蒸散、湿度、风等气象要素的垂直分布规律等。

3.3.4　农业气候资源要素分析常用方法

3.3.4.1　统计分析法

统计分析法就是利用概率论、数理统计理论分析农业气候资源,包括基本统计特征分析、自身变化分析和相关分析,也包括概率分析、周期分析等。如气温平均值、均方差、变率、变异系数、极值、重现期、保证率等。在分析气候资源与利用对象之间的相互关系时,一般采用相关和回归分析,得到客观定量的统计结果或指标,如光照、温度、水分与农作物产量的关系等。在进行不同地区气候资源比较时,可用气候相似、聚类分析、判别分析等对农业气候资源要素进行相似比较和分类。下面略举几个方法。

(1)平均值

平均值代表一个要素多年平均状况下的水平。农业气候分析与评价中,几乎所有的农业气候资源要素值都需要以平均值来表示它的气候统计水平。如各时段的多年平均气温、积温、降水量、日照时数等。

(2)极端值

在农业气候资源的分析与评价中,除了了解多年平均状况外,还必须考虑农业气候资源要素的极端值。因为极端值的出现,一般会伴随气象灾害的发生。极端值通常从观测记录中挑取，如极端最低气温、大旱年或大涝年的降水量等。

（3）变率与变异系数

变率有绝对变率和相对变率之分。绝对变率（V_a）是距平绝对值的平均，其数学表达式是：

$$V_a = \frac{1}{n} \sum_{i=1}^{n} |X_i - \overline{X}|$$ (3.1)

由于许多变量具有平均值越大（水平越高），绝对变量也越大的特点，例如，年降水量大于1000 mm 的地方，绝对变率超过 100 是很正常的，而年降水量不到 100 mm 的地方，绝对变量常常只超过 10 mm。因此为了比较水平不同的变量之间的变化，可以采用计算相对变率的方法，即绝对变量与平均值的百分比：

$$V_r = \frac{1}{n} \sum_{i=1}^{1} \frac{|X_i - \overline{X}|}{\overline{X}} \times 100\%$$ (3.2)

但相对变率也不是任何情况都能使用，如平均值等于或接近 0 的时候，就不能使用。

变异系数是均方差与平均值之比，其数学表达式为：

$$CV = \frac{\sigma}{x} \times 100\%$$ (3.3)

比较两个量纲不同或水平相差悬殊的系列时，可采用变异系数。

（4）频率和保证率

任何一个气候要素都存在年际变化。在分析气候要素的波动和变化时，经常用到频率和保证率。气候要素频率表示要素出现可能性的大小。如某地年降水量≥1000 mm 的频率为1%，表示该地 100 年中只有 1 年出现≥1000 mm 的降水量，即百年一遇；若 100 年中出现 2次，则表示 50 年一遇。气候保证率是指≥或≤某要素值出现的可能性或概率。以北京的降水量为例，北京年降水量平均值是 637.9 mm，其保证率为 50%；当保证率提高到 60% 时，降水量为 579.3 mm；当保证率提高到 80% 时，降水量只有 441.7 mm。

（5）年型

农业气候年型的划分，首先应对农业生产有影响的关键时期及关键气候因子进行分析，并确定出划分年型的农业气候指标。例如，京津地区针对秋季气温变化特点对大秋作物成熟的影响，以玉米籽粒成熟期（8月下旬至 9月）为关键时期，以此时段 >0 ℃ 积温为关键气候因子，划分出秋暖年（>880 ℃·d）、秋凉年（<820 ℃·d）和秋正常年（(850±30) ℃·d）3 种农业气候年型。

用于农业气候资源分析与评价的统计分析方法、参数有很多，其具体方法、参数计算及意义参照有关参考文献。

3.3.4.2　图解法

（1）等值线分析

在农业气候资源分析中，不仅要分析单点农业气候要素值的时间变化规律，还要作空间分布规律分析，等值线分析为此提供了十分有效的手段，尤其是对较大范围的气候背景分析更显出其优越之处。

（2）列线图分析

列线图是指在同一气候区域内，将相关关系较为密切的两个或两个以上的气候要素值反映到同一张图上,组成一组近似平行的等值线。列线图可将三维空间图转换为平面二维图。农业气候资源分析中最常见的积温累积列线图如图 3.1 所示。图中横坐标为日期;纵坐标为该气候区域内各点≥10 ℃积温的多年平均值,它实质上代表某地点(由各地实有积温值表示);各等值线端标明的数字为积温值。从图 3.1 中可以查出:a.某地(已知该地≥10 ℃积温的多年平均值可以由纵坐标找到对应数值)在生长期内任何一天(由横坐标查出)所累积的积温值(即对应该地点与日期的等值线的数值)。b.某地从某一天开始累积到某一积温值可能出现的日期。c.计算某地生长期内任何一段时期内可能累积的积温数值。这样,就可以根据作物所要求的积温,查算适宜的播种期或收获期,以及确定引用某个品种在某段时间内种植是否能够成熟等。

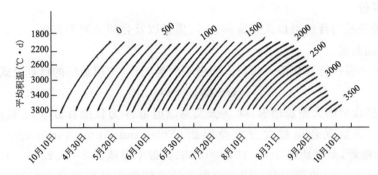

图 3.1　某气候区域日平均气温≥10 ℃积温累积列线

3.3.4.3　基于地理信息系统(geographic information system,GIS)的小网格推算技术

在进行农业气候资源分析时,有时会受到站点数量少的制约。但随着计算机技术和 GIS 技术的发展,很多农业气候资源分析,可以借助 GIS 小网格推算技术加以解决。第一,GIS 技术可以定量采集、管理、分析具有空间特性的气候资源,如数字高程模型建立、GIS 农业气候资源数据库建立、空间分析模型建立、农业气候资源分析和计算、气候分区与定量分析及评价等。第二,利用 GIS 技术可以快速方便地进行农业气候资源小网格推算模式研究。

利用 GIS 技术进行农业气候资源小网格推算是在收集已有观测资料的基础上,辅助以区域气象站资料,通过 GIS 平台,快速计算和获取测点地理参数(高程、经纬度、坡向、坡度),然后利用统计分析方法,根据要素的统计特征值和地理特征,分别建立通过验证和残差订正的气候要素推算模式,从而大大提高农业气候资源分析和评价的精度。如陆魁东等(2011)利用该方法对烟草成熟期的降水量进行了推算。他们利用湖南省 97 个站的资料,经线性回归,得出烟草成熟期降水量与海拔、经纬度有如下关系:

$$y_r = -1202.95 + 6.729\lambda + 26.67\Psi + 0.0902H + \gamma \tag{3.4}$$

式中,y_r 为成熟期降水,λ、Ψ、H 分别表示经度、纬度、海拔高度,γ 为残差项。相关系数 $R = 0.7663$,$F = 44.11$,通过 0.01 的显著性检验。用式(3.4)即可估算湖南省任一地理位置烟草成熟期的降水量。

利用 GIS 技术平台还可以对农业气候资源进行有效的数据管理、信息查询、统计分析。此外,它还有信息的表现与可视化、信息的共享与输出等功能。

3.3.4.4 数学模拟法

数学模拟法是在多年平均气候资料的基础上,通过建立量化指数或数学模型,综合评价与分析区域农业气候资源;或者用数学函数关系描述气候因子对利用对象的影响,建立动态或静态数学模型,进而根据模型在一定范围内进行引申、推论。如晏路明针对福建南亚热带地区建立了数学模型,分别从单项资源、总资源、资源效能、资源利用率等角度对福建农业气候资源进行分析与评价。

3.3.5 农业气候资源评价

3.3.5.1 光、热、水资源评价

光能资源评价

光能资源的分析与评价可以从资源的数量、质量以及光照时间等方面入手。

(1)太阳总辐射量

国内外专家学者在计算太阳总辐射方面做了大量工作,应用最广的计算公式为:

$$Q = Q_0(a + bs) \tag{3.5}$$

式中,Q 为地表接收到的太阳总辐射,Q_0 为天文总辐射量,s 为日照百分率,a 和 b 是随气候状况变化的系数。根据联合国粮食及农业组织(Food and Agriculture Organization of the World,FAO)的推荐,温带地区 $a = 0.18, b = 0.55$;热带干旱地区 $a = 0.25, b = 0.54$;热带湿润地区 $a = 0.29, b = 0.42$。也可以利用附近辐射站的总辐射和日照百分率资料,采用最小二乘法拟合出 a、b。

(2)光合有效辐射量

光合有效辐射量是指植物光合作用所需要的一定波长范围(400～700 nm)的太阳辐射量。由于观测资料缺乏,光合有效辐射量一般通过气候学方法进行估算。最常见的方法是由太阳总辐射量乘以一个系数,而求得光合有效辐射,即:

$$Q_{par} = aQ \tag{3.6}$$

式中,Q_{par} 为光合有效辐射量,Q 为太阳总辐射,a 为转换系数。很久以来,植物生理学家一般将太阳总辐射的一半作为光合有效辐射。国内外学者的研究表明,a 的取值范围在 $0.44 \sim 0.58$。

(3)日照时数

日照时数一般可以用可照时数、实照时数、日照百分率等来衡量。可照时数是指晴天时太阳上部边缘升出地平线至正午,再由正午至太阳上部没入地平线所经历的时间间隔,它是根据一地的纬度、季节进行计算的。而实照时数是指日出到日没,太阳照在地面的实际日照时数,是由日照计记录并计算求得的日照时间。实照时数除了与纬度、季节有关外,还受到地形、天气等的影响。日照百分率是指实照时数与可照时数的百分比,其大小相对地表示日照的多少,同时也表示一地的地形及云层对太阳光的遮蔽程度。

日照的多少对作物的生长发育和产量有很大影响。如初春低温寡照影响春播,严重时可造成大面积的烂种烂秧;初夏如果出现连阴雨天气,会影响北方小麦产区的夏收夏种;秋季阴雨会影响秋收作物的产量。

热量资源评价

热量资源的分析和评价可以从界限温度、气候生长季、热量累积、热量强度和越冬期间热量条件等几方面入手。

(1)界限温度

常用的农业界限温度(日平均气温稳定通过日期)有 0 ℃、5 ℃、10 ℃、15 ℃、20 ℃等。确定界限温度起始、终止日期的方法较多,有 5 日滑动平均法、候(旬)平均法以及日平均气温绝对值通过法等。

(2)气候生长季

气候生长季是指某地区一年内农作物可能生长的时期,一般为春季 0 ℃开始日期到秋季 0 ℃终止日期(即 0~0 ℃)之间的日数或采用具有一定农业意义的不同界限温度期间的天数,如春季 10 ℃至秋季 10 ℃为喜温作物生长期;春季 10 ℃至秋季 20 ℃期间的日数为晚熟玉米品种或双季稻生长期;秋季 0~20 ℃或 0~15 ℃期间的日数为冬小麦冬前生长期。

(3)热量累积

作物在一定的温度条件下开始生长发育,又要在热量累积到一定程度后,才能完成一定的生育阶段而获得产量。一般采用积温来作为地区热量累积的指标。积温有活动积温、有效积温两个不同的概念,其具体含义见第 2.2.3 节。

(4)热量强度

在自然栽培条件下,一地的热量累积量可满足需要,但作物生长期间的热量强度不一定满足要求。如棉花的生育期要求最热月平均气温在 23℃以上,否则不能开花结铃。一般用最热月平均气温来分析和评价热量强度。这里给出我国 7 月平均气温与可种植作物类型:<18 ℃,可种植喜凉作物;18~22 ℃,可种植温凉作物;22~25 ℃,可种植温暖作物;>25 ℃,可种植喜热作物。

(5)越冬期间热量条件

对越冬作物或多年生作物来说,能否安全越冬,对作物生长发育和产量形成影响很大。一般用极端最低气温平均值、极端最低气温、最冷月平均气温、负积温等来分析和评价越冬期间的热量条件。极端最低气温平均是从该地多年极端最低气温值平均而得到的,极端最低气温平均≥0 ℃,终年可种植热带作物,极端最低气温平均在-20 ℃或以上,可种植冬小麦的冬性品种,-16~-12 ℃可种植弱冬性品种,>-12 ℃则可种植春性品种。极端最低气温是分析与评价多年生经济果木安全越冬的常用指标,极端最低气温≥5 ℃的地区是无寒害地区,可种植橡胶、椰子、可可、咖啡等,-2~0 ℃有寒害,<-2 ℃则为严重寒害地区。最冷月平均气温与年极端最低气温平均有一定的相关性,且最冷月平均气温更常用,最冷月平均气温>-6 ℃是冬小麦大面积种植的北界,-8~-6 ℃冬小麦超过 80％的年份能够安全越冬,-10~-8 ℃是冬小麦可能种植的北界,<-10 ℃是冬小麦不能种植的北界。负积温是指作物越冬期间<0 ℃或者致使作物发生低温危害的逐日平均气温之和,可以表示严寒的持续时间和寒冷程度,河北省研究得到冬小麦可安全越冬的指标是负积温 400 ℃·d 以上。

水分资源评价

(1)大气降水量

不同地区降水量的多少,决定着作物在陆地的分布,灌溉水源的水量、土壤含水量也与降水有密切的关系。在一定气候区域内,根据降水量的多少及其季节性分布,大致可以看出水分条件的好坏及干湿程度的变化。大气降水量可用年降水量、季节分配、降水强度（单位时间内的降水量,通常取 10 min、1 h 或 1 d 为时间单位）等来表示。

（2）作物需水量

作物需水量是在正常生育状况和最佳水、肥条件下,作物整个生育期中农田消耗于蒸散的水量。一般用可能蒸散量表示,即为植株蒸腾量与株间土壤蒸发量之和。作物需水量确定方法常用的有 α 值法（蒸发皿法）、K 值法（产量法）和彭曼—蒙特斯（Penman-Monteith）法。

①α 值法。气温、日照、湿度、风速、气压等气象因素是影响作物需水量最重要的因素,而水面蒸发正是上述各种气象因素综合作用的结果,因此,作物田间需水量与水面蒸发量之间存在一定程度的相关关系。可以用水面蒸发量作为参数来估计作物田间需水量。其计算公式为:

$$E = \alpha E_0 \tag{3.7}$$

式中,E 为全生育期作物田间需水量,单位:mm;α 为需水系数,如江苏中稻 $\alpha = 1.15$;E_0 为与 E 同时段的水面蒸发量,单位:mm。

α 值法适用于水稻,旱作物的 E 与 E_0 相关不显著。

②K 值法。实践证明,作物产量与田间需水量之间存在一定的相关关系。在一定范围内,需水量随作物产量的提高而提高。因此,可以用产量作为参数来估计作物田间需水量。计算公式为:

$$E = K \times Y \tag{3.8}$$

式中,E 为田间需水量,K 为需水系数,由试验资料确定;Y 为作物产量。由于 E 与 Y 实际上并不呈线性关系,因此有人对式（3.8）作了修正,即:

$$E = K \times Y \times n + C \tag{3.9}$$

式中,n 为经验指数,C 为经验常数。

K 值法适用于旱作。

③Penman-Monteith 法。FAO 推荐使用 Penman-Monteith 公式计算作物的需水量。Penman-Monteith 法理论基础可靠,计算精度较高;但计算较复杂,所需基础数据较多。计算时分两步。

第一步:计算参考作物蒸散量。参考作物蒸散量是指假设作物高度为 0.12 m、有固定的地表阻力、反射率为 0.23 的参考冠层蒸散量,相当于高度一致、生长旺盛、完全覆盖地面而不缺水的开阔草地（如苜蓿、牧草）的蒸散量。计算参考作物蒸散量的 Penman-Monteith 公式为:

$$ET_0 = \frac{0.408\Delta(R_n - G) + \gamma \dfrac{900}{T+273} U_2 VPD}{\Delta + \gamma(1 + 0.34U_2)} \tag{3.10}$$

式中,ET_0 为参考作物蒸散量,单位:mm/d;Δ 为水汽压温度曲线斜率,单位:kPa/℃;R_n 为太阳净辐射,单位:MJ/（m² · d）;G 为土壤热通量,单位:MJ/（m² · d）;γ 为湿度表常数,单位:kPa/℃;T 为平均气温,单位:℃;U_2 为 2 m 高处的平均风速,单位:m/s;VPD 为 2 m 高处的水汽压差,单位:kPa。

第二步:计算实际作物的需水量。计算公式为:

$$ET_P = K_c \times ET_0 \tag{3.11}$$

式中,K_c 为作物系数。几种主要作物不同覆盖率下(不同生育期)的作物系数见表 3.1。

表 3.1　几种主要作物的作物系数

覆盖率(%)	20	30	40	50	60	70	80	90	100
细粒谷物	0.19	0.25	0.37	0.51	0.67	0.82	0.94	1.02	1.04
豆类	0.23	0.30	0.39	0.51	0.63	0.76	0.88	0.98	1.07
马铃薯	0.13	0.20	0.30	0.41	0.53	0.65	0.76	0.85	0.91
玉米	0.23	0.29	0.38	0.49	0.61	0.72	0.82	0.91	0.96
苜蓿	0.47	0.55	0.68	0.79	0.90	1.00	1.00	1.00	1.00
牧草	0.87	0.87	0.87	0.87	0.87	0.87	0.87	0.87	0.87
甜菜	0.13	0.20	0.30	0.41	0.53	0.65	0.76	0.85	0.91

(3)水分盈亏和条件性水分平衡——干湿程度分析

一个地区农业水分供应情况、气候干湿程度,不仅决定于水分收入的多少、降水量的大小,还与农业水分的消耗有关。也就是说与作物正常发育及产量形成或蒸腾耗水和维持适宜的环境条件所必需的生态耗水有关,与作物农田田间需水量有关。因此,用降水量或降水量加上其他水分收入项之和与作物群体需水量之比值或者它们之间的差值表示地区农业气候干湿程度、表示作物水分供应的好坏,是农业气候水分资源分析评价的常用方法。这种水分收入项与作物需水量的比值,称为条件性水分平衡指标。这里的"条件"水分平衡只表示作物的水分供求关系,不表示地区水分的全部收支真正的平衡。

农业气候水分资源分析评价中,表示农业水分条件性平衡指标的形式很多,其基本表达式可表示为:

$$K = P/E_P \tag{3.12}$$

或

$$K' = E_P/P \tag{3.13}$$

式中,P 为农业水分收入项,或为降水量,或为降水量加其他的水分收入项;E_p 为水分支出项,如作物群体需水量或农田需水量;K 为湿润系数,或湿润指数或湿润度;K' 称之为干燥指数或干燥度。

3.3.5.2　作物气候适宜度评价

为了定量分析作物各生育期气候条件对生长发育的满足程度,可以引入生长发育温度、降水、日照适宜度模型。

(1)温度适宜度模型

$$S(T) = \frac{(T-T_1)(T_2-T)^B}{(T_0-T_1)(T_2-T_0)^B}, B = \frac{(T_2-T_0)}{(T_0-T_1)} \tag{3.14}$$

式中,$S(T)$ 为作物生育期间温度适宜度;T 为气温实际观测值,单位:℃,T_1、T_2、T_0 分别为作物在某时段内生长发育的下限温度、上限温度、最适温度,单位:℃。温度适宜度模型示意图见图 3.2。

(2)降水适宜度模型

$$S(R) = \begin{cases} R/R_0 & (R < R_0) \\ 1 & (R \geqslant R_0) \end{cases} \tag{3.15}$$

式中,$S(R)$ 为作物生育期间降水适宜度;R 为降水实际观测值,单位:mm;R_0 为作物需水量,单位:mm。降水适宜度模型示意图见图 3.3。

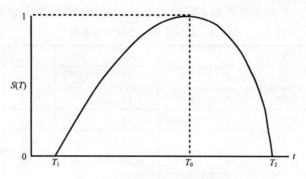

图 3.2　温度适宜度模型示意图

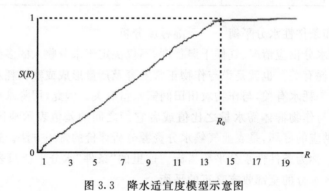

图 3.3　降水适宜度模型示意图

（3）日照适宜度模型

$$S(S) = \begin{cases} e^{-[(S-S_0)/b]^2} & (S < S_0) \\ 1 & (S \geqslant S_0) \end{cases} \qquad (3.16)$$

式中，$S(S)$ 为作物生育期间日照适宜度，S 为日照时数实际观测值，单位：h；S_0 为适宜日照时数，单位：h，以日照百分率为 70% 的日照时数来表示；b 为经验常数。日照适宜度模型示意图见图 3.4。

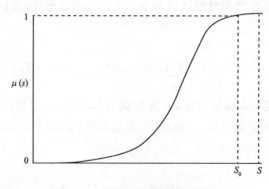

图 3.4　日照适宜度模型示意图

在计算温度、降水和日照适宜度时，需要结合当地实际情况，给出模型中各参数的取值。

(4)气候适宜度模型

作物生长发育及最终产量的形成与周围生态环境之间的关系错综复杂,受生态环境因子组合变化的影响最大,一个因子或几个因子对作物生长的正效应可能被其他因子加强,也有可能被减弱,甚至被完全抵消。为综合反映温度、降水和日照对作物适宜性的影响,采用几何平均和综合乘积的方法构建作物综合气候适宜度模型,即:

$$S = \sqrt[3]{S(T) \cdot S(R) \cdot S(S)} \tag{3.17}$$

3.3.5.3 农业气候资源综合评价

可以建立综合评价指标体系,并确定每个评价指标的权重,然后对农业气候资源进行综合评价。

第一步:建立综合评价指标体系。

可以借助于层次分析法,将农业气候资源分解成若干层次。例如,把农业气候资源综合评价作为目标层(A层),把光能资源、热量资源、水分资源作为影响农业气候资源的准则层(B层),再把影响准则层中各元素的因素作为指标层(C层),其结构关系如图 3.5 所示。

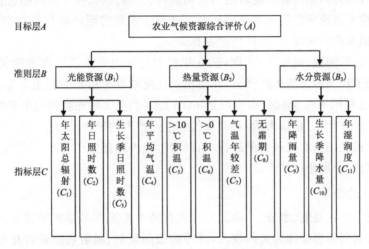

图 3.5 农业气候资源综合评价指标体系层次结构

第二步:单项农业气候资源评价。

对各评价单元的综合评价指标体系中的年太阳总辐射等 11 个单项指标数据进行标准化处理,具体公式为:

$$X = (x - x_{\min})/(x_{\max} - x_{\min}) \tag{3.18}$$

式中,X 为单项指标标准化值,x 为单项指标序列值,$x_{\min}$ 为单项指标序列中的最小值,$x_{\max}$ 为单项指标序列中的最大值。

确定各指标的权重。可以通过层次分析法、专家调查法(Delphi 法)等主要赋权法,主成分分析、最大离差法等客观赋权法等,确定各指标的权重。结合各指标的权重系数,用下式进行单项农业气候资源指数的计算,即:

$$I_i = \sum a_j X_j \, (i = 1,2,3,\cdots,52; j = 1,2,3,\cdots,11) \tag{3.19}$$

式中,I_i 为第 i 个评价单元某类气候要素的评价指数,a_j 为某类资源第 j 个评价指标的权重,X_j 为第 j 个评价指标的评价值。

根据单项农业气候资源指数的计算方法,分别计算出各个评价单元光能资源、热量资源和水分资源的单项农业气候资源指数,指数值越大,其排序越靠前,代表资源越优良。

第三步:农业气候资源综合评价。

在单项农业气候资源评价的基础上,利用资源综合优势度来定量综合评价农业气候资源的优劣程度。其计算公式为:

$$M_i = \frac{mn - \sum_{j=1}^{m} d_{ij}}{mn - m} \qquad (3.20)$$

式中,M_i 为第 i 个评价单元的农业气候资源优势度($0\sim1$),当某评价单元的各类资源均排名第一时,资源综合优势度取值为1,资源综合优势度值越高,资源的整体优势度也越大;m 为统计的资源种类数;n 为评价单元的个数;d_{ij} 为第 i 个评价单元第 j 种资源的优劣排序。

3.3.6 农业气候生产潜力分析评价

农业气候生产潜力,是指在一定时期内作物品种、土壤性状、耕作措施都适宜,充分利用当地气候资源,单位土地面积作物可能获得的最高产量。表示实际产量与最高产量之间尚存的潜在差距,是发掘生产力深度、广度的理论根据。

气候生产潜力的问题,最早于20世纪60年代引起国内外科学工作者的关注。1964年,竺可桢首次讨论了我国的光能生产潜力,并指出长江流域单季稻光能利用率为1%时,亩产可达471 kg,若光能利用率达3%时,亩产可达1412 kg。然而实际光能利用率平均仅有0.4%~0.5%。可见光合生产潜力是很大的,对农业气候生产潜力的研究具有重要的意义。

国内外学者对光、温、水气候资源进行综合研究,提出光合生产潜力、光温生产潜力和气候生产潜力估算方法,分别介绍如下。

3.3.6.1 光合生产潜力

光合生产潜力是指温度、水分、土壤肥力和农业技术措施等参量在最适宜的条件下,将单位面积可接受的太阳辐射能作为实际收入,并考虑田间反射、漏射和能量转化等消耗之后,形成1 kg 干物质所消耗的能量折合计算得到的可能光合产量。

可能光合产量表示植物的生活环境完全理想,始终处于最适宜状态下的光合生产潜力,是光合产量上限,实际大田生产是很难达到的。

3.3.6.2 光温生产潜力

光能是作物进行物质生产的主要能源,但必须在其他环境条件下,如温度、水分、土壤肥力及农业技术措施等的综合影响下才能发挥作用。没有适宜的温度环境配合,光能生产潜力就会受到限制。温度低于作物生物学下限温度和高于生物学上限温度时,光合产量趋于 0。光温生产潜力是指水分、土壤肥力和农业技术措施等参量处在最适宜的条件,由太阳辐射和温度所确定的单位面积可能作物产量($f(\theta)$)的基础上,考虑温度的作用。表达式如下:

$$f(\theta,t) = f(\theta) \cdot f(t) \qquad (3.21)$$

式中,$f(t)$ 为温度订正函数。一般将喜温作物和喜凉作物分别进行温度订正。

3.3.6.3 气候生产潜力

作物在进行光合作用过程中,除受温度影响之外,水分的作用也很重要。光合产物的碳水化合物就含有水分,同时光合作用的过程中需要蒸散大量水分,以维持其生理机能。气候生产潜力是指土壤肥力和农业技术措施等参量处在最适宜条件下,充分利用太阳辐射、温度和水分等资源,单位面积可能作物产量($f(\theta,t,w)$)。其表达式如下:

$$f(\theta,t,w) = f(\theta) \cdot f(t) \cdot f(w) \tag{3.22}$$

3.3.6.4 作物气候生产潜力评价

作物气候生产潜力评价是基于数学模型,从作物生长发育生理机制入手,确定作物产量与气候条件的函数关系。主要包括光合生产力、光温生产力及气候生产力评价等。

(1)光合生产力(Y)评价

光合生产力是指在热量、水分、土壤等自然环境条件适宜,在最优管理条件下,没有杂草病虫害,选用最优品种,在当地可能生长期内,基于作物本身的遗传特性,利用外界环境,将投射到当地光能转换成生物化学能的能力。光合生产力是作物所能达到的最高理论产量,一般由辐射量计算得到,其通式为:

$$Y = K \times E \times Q \tag{3.23}$$

式中,Y 为光合生产力,单位:$g/(m^2 \cdot d)$;K 为系数;E 为最大光能利用率,单位:%;Q 为总辐射量,单位:J/m^2。与 K、E 有关的因子有光合有效辐射、反射、漏射、非光和器官无效吸收、光饱和点、呼吸作用消耗、量子消耗、植物体无机养分、干物质的能量转换系数等。

(2)光温生产力(Y_{mp})评价

光温生产力是指一地的水分、土壤自然环境适宜,在最优管理条件下,无杂草病虫害,选用最优品种,在当地可能生长期内,由当地光、温条件所决定的作物将光能转换为生物化学潜能的能力。作物光温生产力只决定于作物的品种和当地的辐射、温度条件。可以表示为:

$$Y_{mp} = CH \times B_n \tag{3.24}$$

式中,Y_{mp} 为光温生产潜力,CH 为收获指数,B_n 为作物全生育期累计的总生物量。这种潜力表示了某种作物在适宜土壤上高管理水平下由光温条件所决定的产量上限。B_n 的具体计算可采用 FAO 的生态区域法。

(3)气候生产力(Y_r)评价

气候生产力即光温水生产力,是指一地的土壤状况等自然环境适宜,在最优管理条件下,无杂草病虫害,选用最优品种,在当地可能生长期内,由光、温、水所决定的作物将光能转换为生物化学潜能的能力。一个地区的作物产量除了受光、温条件影响外,还与水分的供应有很大关系。当水分能够满足作物生长时,如果其他条件同时满足,则作物的产量即为光温生产力(Y_{mp}),即 $Y_r = Y_{mp}$。当一个地区降水量不能满足作物生长期的水分需要时,作物的生长就会受到水分亏缺的影响,作物的产量就会降低,变为光温水生产力(Y_r)。当作物的缺水出现在整个生长期内,相对产量对产量降低值($1-Y_r/Y_{mp}$)与($1-ETA/ETM$)之间近似呈直线关系。它们之间的关系可表示为:

$$1-Y_r/Y_{mp} = K_y(1-ETA/ETM) \tag{3.25}$$

式中,ETA 为实际水分条件下作物所消耗的水分,ETM 为水分充分供应时作物所消耗的水分,Y_r 为一定气候条件下作物的光温水生产潜力,K_y 为作物产量反应系数。如果缺水是在某个生长期(如移栽期、开花期等)内或连续几个发育期时,则在前一阶段产量下降后,在后面的阶段还要继续降低,此时,

$$Y_r = Y_{mp} \sum_{i=1}^{n} [1 - K_{yi}(1 - \text{ETA}_i/\text{ETM}_i)] \tag{3.26}$$

式中，Y_r 为一定气候条件下作物的光温水生产潜力；K_{yi} 为第 i 个生育期作物产量反应系数；n 为整个生长期划分的生育期数。

小麦、玉米、棉花不同生育期的产量反应系数见表3.2。

表 3.2　几种作物不同生育期的产量反应系数

作物	营养生长期	开花期	产品形成期	成熟期	全生育期
冬小麦	0.2	0.6	0.5	—	1.15
玉米	0.4	1.5	0.5	0.2	1.25
棉花	0.2	0.5	—	0.25	0.85

3.3.7　农业气候资源利用

3.3.7.1　空间上的充分利用

统计表明，我国耕地的农业气候资源生产量，只占全国农业气候资源生产总量的18％，而非耕地的农业气候资源生产量，却占全国农业气候资源生产总量的82％，是耕地的4倍还多。但在我国，4倍于耕地的草地、3倍于耕地的林地和相当大的水体面积还没有充分、合理地利用，表明农业气候资源空间上的利用不充分。即便是耕地，由于种植结构、栽培措施等原因，农业气候资源也未能充分利用。

如果我国的农业气候资源能够得到充分合理的利用，农产品的产量和产值可成倍增长。1982年，中国科学院地理科学与资源研究所在江西泰和县灌溪镇千烟洲建立农业综合开发利用试验基地。综合开发前，千烟洲宜林而少林，多雨而缺水，资源丰富而经营单一，人民生活贫困，年人均纯收入只有120元。经过20多年的综合治理，该地森林覆盖率由原来的4.3％提高到80％以上，土地利用率也由原来的10.9％提高到90％以上，农民人均收入比开发前增长了30倍。

3.3.7.2　时间上的充分利用

通俗地讲，农业气候资源时间上的充分利用，就是在能够满足植物生长的季节，都种植作物。如在三熟区种足三季，两熟区种足两季，一熟区种足一季或利用套种占满整个生长季，并尽可能地缩短换茬时占用的农耗期，有效地利用各地年内生长期及其生长期内的农业气候资源。复种（包括套种）就是耕地种植业在时间上充分利用农业气候资源的主要方式之一。

我国耕地的复种潜力很大。按中国分县农村经济统计概要（1980—1987年），我国三熟区的耕地为0.23亿 hm^2，两熟区为0.39亿 hm^2，一熟区为0.33亿 hm^2，如果全部复种，即三熟区全种三季，两熟区种足两季，一熟区不留休闲地，全国播种面积为1.8亿 hm^2，平均复种指数达190％。然而，1998—2006年，我国双季稻区至少有 174.4×10^4 hm^2 的双季稻改为单季稻，由此造成我国水稻播种面积减少13％，水稻总产量减少5.4％，粮食总产量减少2％。

农业气候资源时间上的充分利用，除了复种以外，还可以采取套种等方式。

3.3.7.3　强度上的充分利用

农业气候资源有了时间和空间的充分利用还不够，还要有强度上的充分利用。就是说，不仅土地要种上作物、林果木、牧草,使作物占满年内整个生长季,还要充分吸收利用时间和空间内的光、热、水、气资源,使作物高产。主要措施有:

(1)选用或培育高光效品种

植物分为 C3 和 C4 两种,C3 植物具有光呼吸,光合强度较低,CO_2 和光补偿点较高,光效较低,产量相对较低,如小麦、大豆及很多豆科牧草;C4 植物没有光呼吸,CO_2 和光补偿点较低,光合强度较高,光效较高,产量也相对较高,如玉米、甘蔗和一些禾本科牧草。在农业生产中,应积极选用并努力培育高光效品种作为种植业中的作物、林业中的林果木和畜牧业的饲料、饲草加以栽培利用,以便充分利用生长季内包括光能在内的各种农业气候资源,达到高产的目的。

(2)生长季尽可能维持较大的叶面积指数

植物对光能利用率的高低,除与植物种类有关外,主要取决于叶面积指数大小,所以要想充分利用生长季内的农业气候资源,达到高产,必须使整个生长季尽可能保持较大叶面积指数。如通过适当密植、采用套种或移栽方式,在一定程度上可以减少资源浪费,提高光能利用率和产量。

(3)恰当安排生育期

作物的生育阶段不同,叶面积指数大小不一,生长快慢各异,光能等农业气候资源的利用率也不一样。要想使生长季内获得最大产量,必须使作物的生长发育、叶面积增长与光、温、水的变化同步,使得叶面积最大,生长最旺盛的一段时间置于光、温、水高峰期。如在半湿润、半干旱无灌溉地区,作物旺盛生长期与降水高峰重叠,中温带南部旱地等夏播小麦较为稳产;在有灌溉地区,作物生长主要应与光、温同步,使旺盛生长阶段处在温度最适宜特别是光照强度的高峰期,华北地区灌溉地小麦产量高而稳定;在亚热带三熟区,常听到"三三见九不如二五一十"的说法,即在热量条件不足的区域种植三季(稻、稻、麦)的产量不及种植两季(中稻、麦)产量高的现象,另外,最高光照强度出现在 7—8 月,这时的中稻正是旺盛生长期,而双季稻处在换茬前后,光、温与双季稻的生长不同步可能是一个原因。

3.3.7.4　我国农业气候资源开发利用实践

(1)大规模农业气候资源考察

近半个世纪,为配合全国农业发展任务,国家级有关业务科研单位和大专院校协作组织了几次全国性大范围的气候资源考察,其中有中国气象局主持的 3 次农业气候资源和农业气候区划研究(20 世纪 60 年代、80 年代、90 年代)以及热带、亚热带山区农业气候资源考察(20 世纪 80 年代、90 年代),中国科学院和气象部门协作的华南热带亚热带作物气候考察,及内蒙古、宁夏、黄土高原、新疆、青藏高原气候资源考察。相继建立了资源数据库,编制出版了农业气候资源资料集和图集,为资源开发利用提供了可靠充足的基础资料。20 世纪 80 年代以来的主要图集有:中国农业气候资源和区划协作组编制出版的关于热、水、光气候资源集和图集共 6 册,中国农业科学院在 1984 年编制出版的《中国主要作物气候资源图集》,以及国家气象中心 2019 年编制的《中国精细化农业气候资源图集》等。

(2)我国农业气候资源分布规律和气候生产潜力研究

对光、热、水、风等农业气候资源要素的数量质量在全国、区域、山区等不同尺度的时空分布和变化规律,气候资源生产潜力及其与农业的关系等进行了详尽分析。这些成果集中反映在以下出版物:《中国农业气候资源和农业气候区划》(李世奎 等,1988)、《中国的气候与农业(节本)》(中国的气候与农业委员会,1992)、《中国农业气候资源》(侯光良 等,1993)、《中国亚热带东部山区农业气候》(中国亚热带东部丘陵山区农业气候资源及其合理利用研究课题协作组,1990)、《中国热带亚热带西部山区农业气候》(中国热带亚热带西部丘陵山区农业气候资源及其合理利用研究课题协作组,1995)、《中国农业气候学》(崔读昌,1999)、《农业气象学》(信乃诠,2001)和《中国亚热带山区农业气候资源研究》(张养才 等,2001)。此外,还有大量有关农业气候资源和各级农业气候区划成果的学术论文(李世奎 等,1981;李世奎 1986;1987a;1987b)。

(3)基于光热水组合类型的分区分类利用研究

针对农业气候资源组合匹配状况存在区域性分异的特点,遵循农业气候相似原理和地域分异规律,根据农林牧确定的分类分区指标,编制农业气候资源区划和农业气候区划是分区分类利用气候资源的典型例案。近50多年来,由中国气象局组织在全国开展的3次农业气候区划,先后编制了全国、区域级、省和县级的综合的、单项的农业气候区划。全国性的主要有《中国农业气候资源和农业气候区划》(李世奎 等,1988)、《中国农林作物气候区划》(中国农林作物气候区划协作组,1987)和《中国牧区畜牧气候区划》(中国牧区畜牧气候区划科研协作组,1988)。各种区划成果在农业气候资源开发利用和保护中取得了良好的经济、生态和社会效益,获得好评和奖励。20世纪80年代完成的《全国农业气候资源和农业气候区划》系列成果获得国家科技进步一等奖,"亚热带东部山区农业气候资源研究"获得国家科技进步二等奖,还有一些成果获得国家三等奖和省部级的科技进步奖。另外,《中国农业气候资源》一书对我国农业气候资源分析及其利用方向进行了研究,将全国光热水气候资源各自按等级进行组合,确定了我国出现的20个组合类型及各类型的相对面积和分布地区。

(4)基于风险度的农林牧分布重要气候界线论证

这里值得提出的有:a.根据种植业和林牧业的水分指标保证率和沙漠化风险度的论证,提出了我国北部农牧交错带过渡气候界限(中国科学院内蒙古、宁夏综合考察队,1975),"三北"防护林建设气候界限(朱俊凤 等,1980),对"三北"防护林基地选择、保护北方农业生态屏障、防止沙漠化起到了指导作用。b.根据热量资源稳定性论证鉴定了我国热带、亚热带、温带农业气候带的动态变化范围,阐明了各热量带农林作物的稳定种植区和可能种植北界范围(李世奎,1999)。c.根据寒害指标风险度,提出了橡胶树、柑橘树、冬小麦的种植安全越冬北界(李世奎,1999),以及我国从东北向西南走向的玉米种植带的农业气候条件。

(5)基于热水资源分布的种植制度改革研究

热量是熟制的主导限制因子,但在热量保证条件下能否实现,则在很大程度上取决于水分、地貌与作物种类、品种类型。《中国农作物种植制度气候区划》(韩湘玲 等,1986)科学合理地阐述了我国农作物种植制度与气候的关系,对我国种植制度调整改革起到重要指导作用。在热量保证条件下,由于水肥改善,全国复种指数由20世纪50年代初的130%增至80年代中期的153%以上,华北地区由原来一年一熟或二年三熟制发展为一年二熟制。长江流域由一年一熟或两熟制发展为一年两熟或一年三熟制。

(6)山区气候资源合理利用研究

20世纪80—90年代,我国进行了大规模的东部和西部亚热带山区气候资源考察研究,提出了亚热带山区气候资源合理利用与农业可持续发展的对策(张养才 等,2001):a.从丘陵山区农业气候资源立体性出发,建设"立体农业"生产体系,扬长避短,优势互补,充分利用自然气候资源的综合优势。b.丘陵山区垂直方向划分为下层(相对高度在300～400 m或以下)、中层(相对高度在 400～800 m)和上层(相对高度在 800～1000 m 或以上)。采取调整下层、开发中层、保护上层的原则。c.针对丘陵山区农业气候资源丰富和生物资源的多样性,建设依托不同生态类型的名、优、特、稀商品生产基地,大力开发具有优势的农业气候资源。d.加强科学研究和技术指导,外引内联,建设一批不同门类的农、林、牧、副、渔商品生产基地,转化农业气候资源优势,加速农产品向商品化、现代化和高效益方向发展,振兴山区经济。e.开辟自然保护区,大力开发旅游景点和观光生态农业,使丰富的山、水、气候、生物及自然景观优势转化为巨大的经济优势,实现环境、资源可持续发展。

(7)优势气候资源潜力分析在商品粮棉油及特色农业基地选择中的应用

在基本摸清全国区位气候资源生产潜力和土地资源承载力的基础上,论证并确定了我国商品粮、棉、油主要生产基地(陈百明,1991)。例如,东北地区粮豆商品粮基地、黄淮海平原商品粮棉基地、江准平原商品油料基地、新疆商品优质棉基地等。提出了不同气候带的特色气候资源的利用途径,如利用热带及南亚热带南部发展橡胶树等热带作物,利用冬暖发展南菜北运的冬季蔬菜生产基地以及南亚热带优质荔枝、龙眼生产带;中亚热带的柑橘、油桐、茶优质基地的开发;北亚热带猕猴桃、板栗优质基地的选择;暖温带黄土高原的优质苹果基地等。

3.4　农业气候区划

3.4.1　农业气候区划概述

3.4.1.1　农业气候区划概念

农业气候区划是在分析农业气候资源的基础上,利用对农业地理分布和生物学产量有决定意义的农业气候指标,遵循农业气候相似原则和地域分异规律,将一个地区划分为若干农业气候条件有明显差异的区域的一种专业气候区划。

农业气候区划在某些技术方法上、在区划结果表现形式上与气候区划有类似之处,但二者又有区别,主要表现在以下几个方面:

1)气候区划需进行气候分析,农业气候区划需进行农业气候分析。农业气候分析是农业气候区划的基础。农业气候区划必须掌握地区农业生产中存在的主要问题,针对问题分析影响农业生产的关键时期、关键因子和因子指标,然后根据这些指标分析农业气候资源和农业气象灾害,为区划打下基础。而气候分析则只需选择能够明显表征地区气候差异的气候要素。

2)农业气候区划指标必须对农业的地理分布具有决定意义,而气候区划指标可以完全从气候差异、气候形成等出发来确定,不一定具有特指的农业意义。

3)农业气候区划须遵循农业气候相似原则,而气候区划遵循的是气候相似原则。生产实践证明,在不同的气候区域里,存在对某种农业生产对象的适应程度极为近似的农业气候条件;在相同的气候区域里,也不是所有地点都具备某种农作物所要求的农业气候条件。

3.4.1.2　农业气候区划目的和任务

农业气候区划目的在于阐述地区的农业气候资源、农业种养殖业生产结构调整、农业气象灾害的分布规律,并据此划分出农业气候条件极为相似或相异的农业气候区,为农、林、牧业的合理布局和建立各类农产品基地提供农业气候依据。农业气候区划成果可以广泛应用于农产品基地的选择、农业新品种的引进、灾害预评估与防灾减灾等领域。因此,农业气候区划为农业生产组织者在指导农业生产和进行农业规划时起着重要作用。

3.4.1.3 农业气候区划种类

农业气候区划种类很多,常见的是综合农业气候区划和单项(适应气候变化特点进行)农业气候区划。

(1)综合农业气候区划

综合农业气候区划也称普通农业气候区划,是为解决大农业问题而进行的区划。它需要综合考虑农、林、牧、渔业与气候条件的关系,侧重于评价农业气候条件与农业生产之间的总体关系,而不受个别农业生产部门和农作物的约束,通常依据农、林、牧业生产的气候条件进行分区,为农、林、牧业的分区发展、合理配置、全面规划提供气候依据,是进行农业区划和农业规划不可或缺的。但综合农业气候区划的内容比较笼统,难以解决农业生产中的具体问题。

(2)单项农业气候区划

单项农业气候区划也称专题农业气候区划,是为解决某项具体农业气候任务而进行的区划。它只考虑某一生产门类、某一作物或者某一农业生产问题与气候条件的关系,或某种农业气象灾害、某项农业气象要素。如为解决双季稻种植区域问题的双季稻种植区划,再如为解决农业气象灾害问题的霜冻区划等都属于单项农业气候区划。单项农业气候区划要解决的问题具体且比较单一,但能做得细致深入,对专项农业生产具有明确的指导意义。如油菜种植气候区划要解决的根本问题就是哪里能种、哪里不能种、哪里种植效益最大。

综合农业气候区划和单项农业气候区划的结果有时也不是绝对的。如种植制度的农业气候区划,从农业问题看,它是单项的,但种植制度包含了多种作物的组合,它要考虑不同作物对气候资源的利用问题,从这一点看,种植制度的农业气候区划又是综合的。

3.4.1.4 农业气候区划应遵循的基本原则

(1)农业气候相似原则

农业气候相似原则是在气候相似原则上发展起来的,是评定地区农业气候、确定各种农业生物的适宜分布区域所遵循的原则。在农业生产实践中,除气候条件相同或相似地区的农业生产类型基本相似外,在气候条件不同的地区,也可见到相似的农业生产类型,这就是农业气候相似原则的体现。如中国华南地区和橡胶原产地热带雨林的气候差异较大,但华南地区也有适于橡胶生长的农业气候条件,故橡胶在海南岛和西双版纳地区也能生长良好。因此,在研究农业生物布局时,不但要考虑地区间光、热、水等气候资源数量及其时空分布规律的相似,而且要考虑农业生物生存所需的各个气候因子,尤其是对农业生物生长发育和产量形成起决定性作用的农业气候因子的相似。

(2)有利于充分合理地利用气候资源,发挥地区气候资源优势

农作物对光照、温度、水分有各自不同的要求。只有尊重客观规律,从作物的气候适应性出发,选择适宜的地区,种植适宜的作物和品种,才能充分利用气候资源,获得稳定的产量和优良的品质。

(3)能反映农业生产中主要农业气候问题

作物、牲畜、林木等大多生活在自然环境条件下,光、热、水等农业气候资源对作物的影响远远大于空气湿度、风等,就是说不同的气候因子对农作物的影响有主次之分。同样地,不同

的作物对气候因子的要求也是不一样的,比如,冬小麦抽穗灌浆期要求有足够的水分,双季晚稻抽穗灌浆期需要一定的温度作保证。因此,农业气候区划对此应有所反映。

除了上述基本原则外,各种农业气候区划的原则还因具体问题而有所不同。中国地理学会 1963 年 11 月讨论确定的农业气候区划的原则包括:a.考虑气候的特殊性。这种特殊性决定了作物分布、植物的气候生态型与农业生产类型。根据气候的上述特殊性,农业气候区划中的热量与水分划区指标,必须采取主要指标与限制性指标并用的原则。热量的主要指标为暖季温度,限制性指标为冬季温度;水分的主要指标为全年水分平衡,限制性指标为水分的季节分配。b.主导因素的原则。对作物生长、发育、产量关系最密切的气候要素是光、热、水,尤以热、水两项更为直接和重要,其他一些要素往往与主要要素之间有密切的依赖关系。因此,农业气候区划应该采取主导因素的原则,不可能也没有必要考虑所有的要素。c.气候相似与分异原则。区划的作用与目的在于归纳相似、区分差异,贵在反映实际,因此应该以类型区划为主,区域区划只能在有条件的情况下适当加以运用。

20 世纪 70 年代末,全国范围内开展了大规模的农业气候资源调查和农业气候区划工作,其中的全国农业气候区划所确定的区划原则为:a.适应农业生产发展规划的需要,配合农业自然资源开发计划,着眼于大农业和商品性生产,以粮、牧、林和名优特经济农产品生产为主要考虑对象。b.区划指标具有明确重要的农业意义。主导指标与辅助指标相结合,有的采用几种指标综合考虑,有利于充分、合理利用气候资源,发挥地区农业气候资源的优势,有利于生态平衡和取得良好的经济效果。c.遵循农业气候相似性和差异性,按照指标系统,逐级分区。d.分区与过渡带。根据气候特点,年际间气候差异会造成一定的气候条件变动,因此划出的区界只能看作是一个相对稳定的过渡带。区界指标着重考虑农业生产的稳定性,例如,采用一定的保证率表示安全的北界等。划界有时还考虑能反映气候差异的植被、地形、地貌等自然条件。

3.4.1.5　农业气候区划流程

农业气候区划流程见图 3.6。

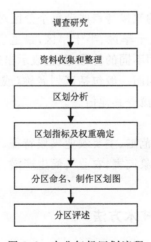

图 3.6　农业气候区划流程

(1)调查研究

调查研究是进行农业气候区划的第一步,通过调查研究可以初步了解当地的农业生产和气候特点、农业结构调整动向、农业生产存在的农业气候问题等,为农业气候区划提供思路,从而确定区划的种类和农业气候分析所采用的方法等。

(2)资料收集和整理

通过调查研究,明确区划种类后,就需要收集有关的资料,包括气象部门的气候资料、农业气候资料,也包括其他部门与农业气候区划有关的农业资料,如统计部门的产量资料、农业部门的病虫害资料、林业部门的林木分布以及其他部门的地形、地貌和土壤资料等。由于收集的资料较多,且凌乱和粗略,一般不能直接应用,需对其进行核实、整理、归类,然后才能用于农业气候区划业务。收集资料方法很多,既可以查阅文献和有关资料,也可以调查访问和实地考察等。随着 GIS 技术的日益推广,开展精细化气候区划通常需进行气候资料的差值推算。

(3)区划分析

农业气候区划的实质是根据农业生产对象与农业气候条件的依存程度而做出农业生产对象的生产区域划分,也就是说,一个地方的气候条件是否对某种农业生产对象有利,应以该作物对气候条件的要求为尺度。同样地,要衡量一个地方的气候条件是否有利于某种种植制度,也应该考虑该种植制度下的各种作物对气候条件的要求。因此,农业气候区划的一项重要工作就是进行农业气候资源变化规律以及农业气候资源与利用对象之间相互关系的分析研究。分析的内容包括农业生产对象及对象组合对温、光、水等农业气候要素的基本要求;产量高低、品质优劣与农业气候要素的定性或定量关系;农业气象灾害发生规律及其对农业生产对象的影响等,从而为选择区划指标奠定基础。

(4)区划指标及权重确定

在众多影响农业生产对象的农业气候指标中,用于农业气候区划的那些农业气候指标,称为农业气候区划指标。影响农业生产对象的指标很多,进行农业气候区划,选取的指标不止一个,而是多个,且不同的指标对农业生产对象的影响程度是有差异的,这时需根据这些差异对不同的指标给予不同的权重,然后对指标进行综合,得到用于区划的最终指标,即综合区划指标。现有的区划结果大多数是根据综合区划指标编制的。

(5)分区命名、制作区划图

分区命名就是根据每个分区的气候特点或者每个分区对农业生产对象的适宜程度给予恰当的名称,比如湿润区、半湿润区、干旱区、半干旱区,最适宜区、适宜区、次适宜区、不适宜区等。制作区划图就是将区划结果用不同的符号、颜色表示出来,使不同的农业气候区域或作物的适应性等级区域一目了然。区划图一般包括区划名称(或种类)、不同区域的标志等。必要时还应包括行政区、地形、地貌、河流等其他信息。

(6)分区评述

包括各区域的区划指标、所辖范围、主要农业气候特征、气候条件与农、林、牧布局及主要农作物和种植制度的关系,主要气象灾害、农业气候生产潜力以及合理开发、充分利用农业气候资源的途径和建议等。

3.4.2 农业气候区划指标和技术方法

3.4.2.1 区划指标的确定

(1)区划指标的基本意义

农业气候区划结果的应用价值往往取决于农业气候区划指标的数量和质量。农业气候区划指标的确定是区划工作的基础,确定合理的区划指标对确保农业气候区划研究结果的代表性、准确性具有非常重要的意义。

农业气候区划指标应有明确的农业意义。区划指标的确定应根据当地的农业生产特点和气候特点,选取对农业地理分布、农业布局、农作物生长发育和产量形成有决定意义的农业气候指标,或者说,区划指标的选择应具有明确的农业意义。如≥10 ℃积温既可以反映农牧业对生物学下限温度以上温度总和的共同要求,反映不同区域主要熟制、品种搭配的可能性,又可以表示不同区域温暖季节热量条件的差异。

(2)区划指标的选择原则

①气候生态适应性原则。就是考虑一个地方的气候条件能不能满足农业生产对象基本生存的要求。如温度对柑橘生长有很大影响,冬季低温对柑橘的影响更大,如甜橙在−4 ℃、温州蜜柑在−5 ℃时会使枝叶受冻,甜橙在−5 ℃以下、温州蜜柑在−6 ℃以下会冻伤大枝和枝干,甜橙在−6.5 ℃以下、温州蜜柑在−9 ℃以下会使植株冻死。所以,在进行柑橘区划时,应考虑不同品种的耐低温能力,保证大部分年份不因低温冻害冻伤甚至冻死。

②产量优先原则。要选取那些对农业生产对象的产量形成影响明显的农业气候指标。在考虑产量形成的指标时,有时还要从品质的角度考虑区划指标。如油茶抗性很强,适应性广,但良好的温、光、水条件仍是油茶获得高产的基础之一。油茶花期降雨日数和降雨量的多少,是次年油茶产量丰歉的关键。进行油茶区划时,不能忽视花期特别是盛花期降水。

③影响差异性原则。气象因子对作物的影响程度是有差异的,区划时通常应根据影响差异的大小,不同的因子给予不同的权重,影响大的因子,给予的权重大,影响小的因子,给予的权重小。比如温、光条件是水稻区划考虑的重要因素,但温度条件对水稻的分布影响程度要大于光照,因此,进行水稻区划时,温度因子的权重一般大于光照。

④因子从简原则。即在众多影响农业生产对象生长发育、产量和品质的农业气候指标中选取关键指标。作物生长是一个漫长的过程,如油茶春梢在 3 月中旬开始生长,5 月中旬基本结束;夏梢在 5 月中旬开始生长,7 月中旬终止,二次夏梢 7 月中旬至 8 月下旬;秋梢始于 9 月上旬,到 11 月下旬终止。油茶 10 月中旬为始花期,11 月为盛花期,12 月下旬开花基本结束,2 月下旬至 9 月上旬为果实生长期。在油茶周而复始的生长过程中,影响油茶生长发育、产量和品种的气象因素非常多,但进行油茶区划时,不可能把所有的气象因子作为区划指标,而应选择盛花期降水、盛果期日照等关键因子。

(3)区划指标的选择方法

①根据作物生理生态特性及其对气象环境的依赖性确定指标。

②采用作物产量分析方法,根据影响作物产量的关键气候因子确定指标,选择有利于高产的因子作为指标。

③根据生产及灾害调查、作物气象灾害及风险分析来确定指标,选择影响作物生产与产量形成的限制因子确定指标。

④根据作物典型基地和典型年景的气象条件确定指标。

⑤根据农业气象与农业专家的经验调查确定指标。

⑥根据其他相关的文献资料确定指标。

3.4.2.2 主要作物气候区划指标体系

第二次全国农业气候区划成果《中国农林作物气候区划》系统地进行了小麦、水稻、玉米、大豆等粮食作物,棉花、大豆、油菜、花生、甘蔗、甜菜、烤烟、苎麻、黄红麻等经济作物,茶树、柑橘、梨、苹果、桃、葡萄、橡胶、蚕桑等经济林木的气候区划。其中小麦、玉米、水稻和棉花的气候区划指标体系介绍如下：

（1）小麦气候区划指标体系

分区指标是根据综合条件制定的。考虑小麦气候适宜性的主要条件水分与小麦的关系、小麦的气候生态类型、以小麦为茬口的种植制度地位与积温条件的关系，以及反映光、温、水综合关系的气候产量4个因素，根据区划的原则，把相同小麦气候条件和气候生态特性划到一起，在综合分析的基础上进行分区。同时在各个区内考虑不利气候条件和品质气候的一致性。水分指标选用需水量和生育期降水量的差额。茬口种植制度以全年积温为指标。

（2）玉米气候区划指标体系

玉米气候区划主要采用两项指标，并考虑降水和地形的影响。

①玉米种植可能性指标。根据生育期模式计算出各地玉米理论生育期 D_r（当地气候条件下玉米从出苗到成熟需要的天数）与当地实际可能生育期 D_p 比较，作为区分玉米可种区与不可种区的界线指标，若 $D_p > D_r$，说明种玉米能够正常成熟；若 $D_p < D_r$，表明当地生长期较短，种中晚熟品种不能正常成熟。

②玉米种植适宜程度指标。以气候产量模式计算的各地玉米气候产量作为划分各地种植玉米适宜程度的指标。

③降水量对玉米产量影响很大。由于建立气候产量模式的试验资料大都有灌溉条件，产量模式中降水的作用不突出，所以把降水作为辅助因子加以考虑。

④高原山地气候垂直变化明显，气候条件差别很大。划区时适当地考虑了地形高度的影响。

根据以上原则确定了玉米区划指标，全国共分为4个区8个地区。

（3）水稻气候区划指标体系

①热量指标。划分我国水稻的可能种植区的热量指标为：日平均气温稳定通过10 ℃的天数≥110 d；日平均气温稳定通过18 ℃的天数≥30 d。

②水分指标。在我国热量条件满足水稻生长发育的区域内，基本是"以水定稻"，凡有充足水源的地方均可种植水稻。当生长季稻田干燥度 $E/r ≤ 1.0$ 时，划为湿润带；$2.0 ≥ E/r > 1.0$ 时，划为半湿润带；$E/r > 2.0$ 时，划为干燥带（E 表示蒸散量，r 为降水量，单位：mm）。

③水稻的季节指标。感温性、感光性是水稻品种的重要特性，水稻对光长的反应表现在由于播期和纬度的改变，其生育期长短也随之变化。以生长季长度为季节指标。

④地形与水利条件。由于我国地形错综复杂，地形气候差异很大，水稻品种布局与稻作制度均有明显的层次性和区域性。因此，在划分水稻气候生态区域时，要考虑地形的影响。但地形问题除海拔高度外，不同的山脉走向、坡度和坡向等都会形成不同的小气候。

综合考虑热量条件、水分条件、季节指标与地形和水利条件编制了中国水稻气候区划。

（4）棉花气候区划指标体系

我国各棉区的气候生态环境差异很大，而且棉花的气候生态类型多样，因此棉花气候区划指标体系先把棉区分成3类，每一类按照各自的特征，确定不同的指标。

①棉花不可能种植气候带指标。5 cm日平均地温通过14 ℃日期到秋季初霜出现日期之间天数在150 d以下；气温>10 ℃的积温在3300 ℃·d以下；全年连续最高3旬平均气温<23 ℃。

②东部季风棉花气候带分区指标。棉花在光照、水分都满足时,只有温度降低时生长过程才受到抑制,如后期遇到低温,则铃重减轻,纤维品质差,温度<20 ℃时,纤维素的淀积停止。采用各地区棉花现蕾至气温 20 ℃终日日数长短作为分区指标,并以各地区阴雨日数对棉花生长产生影响来进行修正。在南方,还要考虑苗期雨量的多少对棉花生长的影响。东部季风棉花气候带棉花气候分区指标(R)计算公式如下:

$$R = m \times c/n \tag{3.27}$$

式中,m 为棉花现蕾至日平均气温 20 ℃终日的日数;n 为棉花现蕾至日平均气温 20 ℃终日内的阴雨日数;c 为常数,$c = 16.2$ d。

$R > 100$,且苗期降水<350 mm,为棉花最适宜气候区;$85 < R \leqslant 100$,且苗期降水<400 mm,为棉花适宜气候区;$70 \leqslant R \leqslant 85$,为棉花次适宜气候区;$R < 70$,为棉花不适宜气候区。

③西北干旱棉花气候带分区指标。以棉花现蕾至气温 20 ℃终日期数(r)确定:

$r > 100$,为干旱带棉花生长最适宜气候区;$70 \leqslant r \leqslant 100$,为干旱带棉花生长适宜气候区;$r < 70$,为干旱带棉花不适宜气候区。

3.4.2.3　农业气候区划指标确定方法

区划指标因子的选择是根据区划任务、农业生产与气候条件关系及在地域上的分布特点等方面来确定的。选用分区指标的组合形势,往往与所采用的区划方法有关,如用逐级分区法,多采用主导因子或主导因子与辅助因子相结合的方法,而用聚类分析法,则多采用综合因子指标统计分析后进行区划。

(1)主导因子法

选取对农业地域分异规律有决定意义的因子进行分区的方法称为主导因子法。其指标等级应以对农业生产的重要性依次先后排列为一级区划指标、二级区划指标、三级区划指标等。一般情况下,地区热量的多少决定一个地区的作物种类、品种类型及种植制度等。因此,多以热量因子作为一级区划指标。地区热量条件能否发挥作用及产量的高低,常取决于水分条件的好坏,所以多以水分因子作为二级区划指标。三级区划指标多采用越冬条件或灾害因子。

(2)主导因子与辅助因子相结合

用一个主导因子指标区划往往不能很好地反映出区域之间或内部的差异,所以,在确定区划界限时可以采用主导因子与辅助因子相结合的方法进行界定。新疆农业气候区划,在一级热量分区中,以≥10 ℃的积温量为主导指标划分出 7 个热量区,又以无霜期天数为辅助指标划分出 9 个热量区和副区;在水分分区中,以湿润度划出 4 个干湿区,又以水分供求差为辅助指标划分副区,共划分出 11 个水分区和副区。

(3)综合因子指标法

该方法先找出与农业地域分异有密切关系的多个气候因子,综合分析后,确定分区的综合指标,进行农业气候区划的划分。

另外,综合因子指标方法也常与所选用的农业气候分区方法有关,如应用聚类、模糊综合评判、集优法等,是利用多个气候因子进行综合分析后确定出区域界限的。

除了上述气候要素因子外,有时还可以有其他辅助因子作为区划指标。例如,地区之间或局地气候条件差异与地形、土壤条件关系密切,同时植被分布也是气候差异的反应。在区域范围小的县级以下范围内,由于地形、土壤、水域的不同,引起很大的局地气候差异。在较小范围的农业气候区划中,可以用地形、土壤及指示植物为辅助因子来确定农业气候分区界限。

3.4.2.4　农业气候区划分区方法

农业气候区划分区方法,可以根据区划类型、区划任务、地区的自然条件以及具备的资料情况和选择的统计方法等各方面的不同,而采用不同的分区方法,也就是说,不同的情况下选用不同的农业气候分区方法。

（1）传统的逐级分区法

这是农业气候区划经常采用的传统分区方法。该方法首先根据与农业地域分异规律有重要意义的气候因子,依次确定出不同等级的主导指标和辅助指标,逐步进行划区。即根据一级区划指标划出若干个农业气候带（如Ⅰ、Ⅱ、Ⅲ…）;然后,在每个农业气候带内根据二级区划指标划分出若干个农业气候地带（如Ⅰ₁、Ⅰ₂、Ⅰ₃…）;若有三级区划指标,则在各二级区域内根据三级区划指标进一步划出若干个农业气候区（如Ⅰ₁ₐ、Ⅰ₁ᵦ、Ⅰ₁ᵧ…）。这样,可以将一个地区根据不同等级的农业气候分区指标划分出具有不同农业气候特征和农业意义的农业气候区域。

具体进行区划工作时,也可以先根据各级区划指标分别进行划区,然后将各级分区图叠加,划出各个农业气候区来。在确定边界时,还应参考地形、植被、土壤图及结合农业生产情况做适当的调整,最后绘制农业气候区划图。

一些珍贵作物或经济价值高的果木作物的最优种植时采用了集优法。即选择几种与作物生育和产量形成有密切关系的气候要素值作为指标,分别将这些指标值在地域上的分布范围绘在一张图上,然后根据各个地区所占有指标的数目,划分出不同适宜程度的农业气候区,当具备所有最适种植指标时,该区为最适宜区;如果这些地区一个也不具备最适种植指标时,则为不适宜或不能种植区。该方法各因子多为同等重要,无主次之分。

（2）基于数理统计工具的分区法

为了更加客观定量,且便于计算机运算,逐步发展了一些利用数理统计的划区方法。

①聚类分区法。它是一种多元、客观分类方法,其基本原理是依样品属性或特征定量地确定其间的亲疏关系,再按亲疏程度分型划类。聚类分析可以综合多个站点、多个气候要素进行综合分析,分类结果比较客观,是一种比较好的分类划区方法。应用该方法进行的农业气候分类和区划,其效果很大程度上取决于统计指标选择是否正确、合理。因此,选择的指标应具有明显的农业意义,而且尽量选择能反映不同特征的因子;统计指标时空分布上应具有鲜明的分辨力;站点的选择要有代表性和比较性。

聚类分区方法的主要步骤如下:第一,将各代表站的统计因子数据进行标准化处理,消除量纲影响;第二,计算各站之间的距离系数,并将计算结果排列成距离系数矩阵;第三,按最小距离逐步归类,根据归类特点与实地情况结合分析,划分出不同的农业气候区域。

②最优分割法。最优分割法实际上是逐级分区的一种方法。其特点是逐次找出影响地区产量差异的关键气候因子,并按各站点气候因子的数值大小顺序对站点进行排序,然后对顺序站点的产量资料进行逐步二分割的总变差计算,找出最小总变差所划分出的区域界限。

③线性规划方法。线性规划是最优化理论的主要工具之一,是在一套大量复杂的因果关系中,确定最优决策的重要方法。该方法为解决作物最优结构的合理配置等农业结构调整问题提供了有利条件。

作物合理配置比例除受作物本身特点、气候等自然条件影响外,还受国民经济需要和价格调整的影响。采用现行规划方法可以求得各地区既保证较高产,又能获得最大经济效益的作物最优配置比例。

(3)模糊数学方法

在实际生产中,许多区域界限是由多个气候因子综合影响的结果,而且这些界限常存在着一个具有模糊概念的模糊地带。因此,可以利用模糊数学的方法,将这个模糊地带的界限确定下来。应用模糊数学方法,在指标选择上同样要求具有明确的农业意义;空间分布上有鲜明的分辨力;站点必须有比较性和代表性。利用模糊数学方法进行农业气候区划,常用的方法有:模糊聚类、模糊综合评判、模糊相似选择等。

(4)灰色系统关联分析法

该方法是通过计算各站点之间气候要素的关联度(相似程度),并建立关联矩阵,然后进行逐步归类,划分出不同的农业气候区域。这种方法与利用模糊聚类划区方法相似,对多个气候要素综合计算后划区。

聚类、模糊聚类以及关联分析等方法进行农业气候区域划分,都具有用多因子综合分析后进行划区的特点,区界比较客观,在一定程度上减少了人为的影响。但是由于综合因子分析要用阈值截集归类区划,给分区评述带来一定的困难,需要对照各农业气候要素的分布图具体评述各区的农业气候条件。在选取阈值截集或归类进行划区,也有一定人为主观因素的影响,这些将有待于今后做进一步研究,使其方法更加完善。

3.4.3　中国的农业气候区划工作

新中国成立以来,气象部门组织的农业气候资源和区划工作都是紧密结合国家农业发展的需要、从气候与农业的关系入手、在大量调查研究和缜密分析资料的基础上完成的。农业气候区划工作在农业规划和生产布局中发挥了积极作用,取得了显著的社会、经济和生态效益。

3.4.3.1　第一次气候与农业气候区划

农业气候区划与气候区划紧密相关。1931 年竺可桢最早提出了"中国气候区域论",根据温度和雨量把我国划分为八大气候区域。20 世纪 30 年代至 40 年代,涂长望、卢鋈、幺枕生、陶诗言以及中国科学院自然区划委员会和中央气象局等先后编制了中国气候区划。1957 年,张宝堃等提出了中国气候区划草案,把中国划分为东部季风区、蒙新高原区和青藏高原区,用 $\geqslant 10\ ℃$ 积温和最冷月平均气温及平均极端最低温度把中国划分为 6 个热量带。中央气象局 1966 年编制了《中国气候图集》,1978 年编制了《中华人民共和国气候图集》,用 $\geqslant 10\ ℃$ 积温及其天数为主导指标,以最冷月平均气温、年极端最低气温为辅助指标,把全国划分为 9 个气候带、1 个高原气候大区;结合干燥度把全国划分为 18 个气候大区和 36 个气候区。该区划应用了一些具有生物学意义的区划指标,许多界限与一些重要的农作物种植界限有着较好的一致性,如旱作与水田的界线同北亚热带与温带的界限比较一致,多熟制与一熟制的界线同中温带与南温带的界线比较一致,大叶茶的北界与南亚热带的北界较一致,冬小麦的北界为南温带的北界,双季稻安全种植北界与中亚热带的北界基本一致。因此,该区划具有了粗线条农业气候区划的意义。

自 20 世纪 50 年代开始,我国学者在学习国外农业气候区划的基础上结合国内情况开始了农业气候区划研究。20 世纪 60 年代前期,配合全国农业科学技术发展规划,第一次有组织地在全国开展了农业资源与气候区划工作,有 14 个省(区)完成了简明的省级农业气候区划。此次区划虽未编制全国农业气候区划,但总结的搞调查、找问题、抓资料、选指标、做分析、划界线、加评述、提建议 8 个步骤,为以后的农业气候区划研究打下了较好的基础。

3.4.3.2 第二次农业气候区划

20 世纪 70 年代末,为配合《1978—1985 年全国科学技术发展规划纲要》的农业自然资源调查和农业区划任务,由全国农业区划委员会下达,国家气象局领导、组织了全国有关科研单位和院校专家组成的全国农业气候资源调查和农业气候区划协作组,在全面调研普查农业气候资源的基础上,开展了全国范围内不同区域农业布局、作物配置的农业气候资源分析和利用的研究。同时参加了"三北"防护林地区自然资源及综合农业区划等工作。在完成农业气候资源调查分析的基础上,20 世纪 80 年代中后期提出了全国、省级综合农业气候区划与大部分地、县级农业气候区划,以及"三北"防护林地区农业气候资源和农业气候区划。

在这次农业气候资源和区划工作中,农业气象专家以当时近 30 年全国大量气候资料和农业研究为基础,研究我国气候与农业的复杂关系,基本阐明了全国农业气候资源分布规律,在区划发生学基础上着重于实践原则,采用农业气候相似原理、区域区划与类型区划相结合的方法,提出了符合国情有创意的农业气候区划指标体系和区划等级系统,评估了全国农业气候资源优劣,探讨了农业气候生产潜力,论证了农业发展布局中一些重大气候问题与对策。此次区划促进了我国对农业气候区划内涵认识的提高和理论方法的发展,形成了一套既有基础专业资料、数据、图表,又有部门区划、作物区划和综合区划的系列配套的全国性科研成果。

(1)第二次农业气候区划主要成果

第二次区划成果包括《中国农业气候区划》《中国农林作物气候区划》《中国牧区畜牧气候区划》《中国农作物种植制度气候区划》《气候与农业气候相似研究》《全国农业气候资料集》(含光、热、水 4 个分册)、《中国农业气候资料图集》(含光、热、水 3 个分册)共 7 个部分。《中国农业气候区划》在分析全国光、热、水分布状况和揭示灾害气候要素分布规律的基础上,提出了新的三级区划系统(3 个大区、15 个带、55 个区),着重于农业发展和生态平衡,对各分区做了详细评述。《中国农林作物气候区划》主要以有关作物生态特性和农业气候问题为依据,着重于关键的气候条件,研究了小麦、水稻、柑橘、橡胶等种农林作物的各种适宜程度,分别给出了区划结果。《中国牧区畜牧气候区划》结合历史、社会和经济条件考虑和探讨了牧草、家畜及其生存的有关气候问题,首次做出了我国牧区牧业气候区划。《中国农作物种植制度气候区划》探讨了种植制度的气候问题,评述了近 30 年来种植制度的变化。从水分和肥料来源的现实及高产、稳产出发,考虑合理利用气候资源,提出了种植制度区划。《气候与农业气候相似研究》给出了国内 200 多个地点与国外相对比的每月气候要素"距离系数"的计算结果,讨论了相似等级。《全国农业气候资料集》部分按农业气候分析的基础资料项目,分别整编出光、热量、水分资源资料集和农业气候图集。

(2)第二次全国农业气候区划的技术特点

①积累了大量基础资料,建立了数据库。全国各地在开展农业气候区划研究中,从多种途径采集了非常规资料,同时进行调研、实地考察和推算,获得了大量资料,弥补了边区和山区常规资料的短缺;系统地整编了基础资料和图表,建立了有史以来大量的相关数据库。

②应用新的技术方法,提高了区划分析水平。第二次农业气候区划采用的区划方法不拘一格、比较实用,同时密切结合农业生产特点和农业发展规划,使区划结果较好地反映了我国季风气候特征与农业生产的密切关系,在区划理论和方法上具有一定的创意。主要表现在:a. 此次区划是在区划发生学的基础上着重于区划实用原则,即从地域差异规律形成的原因来

揭示地带性和非地带性的农业气候分布规律及其与农业生产格局形成和发展潜力的关系,在此基础上针对区划服务对象的要求,对农业布局的合理性和农业发展潜力提出评价与建议。编制的区划遵循了农业气候相似性和差异性,确定区划等级单位系统、区划指标体系及确定分区界线。b.我国地形复杂,气候类型多样,农业格局各不相同,在区划中采用了类型区划和区域区划两种不同分区划片的方法。有的采用区域区划,有的采用类型区划;全国或较大区域范围采用了区域区划与类型区划相结合的方法。c.在选择区划因子方面有综合因子原则和主导因子原则。综合因子原则主要是反映气候对农业的整体影响;主导因子原则根据不同区划对象的要求,选择某些最重要的因子,或以主导因子与辅助因子相结合。全国农业气候区划根据开展区划的经验,考虑了主导因子与综合因子原则相结合的方法,取得了较好的区划结果。d.各地在区划指标分析鉴定后,提出了一些农业意义较明确、分区层次性较符合客观实际和普适性强的区划指标体系。e.在区划的基本方法方面,除传统的农业气候要素指标法和物候学方法外,此次区划引入了新的数理方法,进一步提高了农业气候区划分析的理论水平,如:聚类分析法、模糊数学法、灰色系统和系统工程理论、线性规划法和最优二分割法的应用等。另外,山西省还初次用陆地卫星影像目视解译气候区,取得较好效果。

③区划成果系列配套,有利于多方位服务。此次区划初步形成了系列配套的有利于为政府决策者、生产者、科研、教学等多方面提供服务和参考的成果。主要体现在:

综合农业气候区划与单项或部门的农业气候区划相配套。全国、省级或地、县级的综合农业气候区划是以农业生产总体为对象,全面评价气候条件与农业生产对象之间的总体关系。单项或部门的农业气候区划则是以某项农业生产任务或农业气候条件为对象的区划,包括全国和部分省、县级粮经作物(稻、麦、玉米、棉花、大豆、花生、油菜等)以及苹果、柑橘、龙眼、荔枝、橡胶树等经济果林的作物气候区划,中国牧区畜牧气候区划以及主要灾害种类的农业气候区划。综合农业气候区划与单项或部门的农业气候区划相配套,基本满足了农业生产对区划的不同需求。

④简明区划与详细区划相配套,详细区划的总体报告具有主件与附件相匹配,与主体报告匹配的附件有:资料数据集(库)、农业气候资源和灾害专题报告以及多种服务应用图表。

⑤区划成果深化了对我国农业资源配置和生产力布局的认识。a.根据西北地区干旱化的成因和发展趋势,论证并提出了中国北部半干旱地区农牧业过渡气候带,为合理区分西北干旱区与东部季风区的界线提供了重要依据,对该区调整农牧业比例,防止向干旱草原滥垦引起荒漠化扩大以及研究"三北"防护林重点建设地带起到了积极作用。b.根据气候资源区域组合类型的多样性与种植制度形成的关系,提出了我国适于不同种植制度的气候优势区,为改革种植制度、提高复种指数、土地资源挖潜、发挥气候资源生产潜力提供了依据。c.区划阐明了各类农业生产基地的气候资源优势区,为建立国家级和省级的主要粮、棉、油及果品生产基地提供了依据。同时找到了一批名、优、特、稀有农产品生产的新开发区。d.通过对山区立体气候的多样性和层带性的观测及实地考察,提出了山区农业气候区划进一步细化的方法,对建设山区立体农业生态体系,提高山区资源承载力起到了积极作用。

3.4.3.3　第三次农业气候区划试点

进入 20 世纪 90 年代以后,随着农村经济的发展和气候条件的变化,重新认识气候资源的变化及其合理利用和保护问题迫在眉睫,原有的农业气候区划也已难以适应农业可持续发展和市场经济的需要。20 世纪末,中国气象局在全国 7 个省市(黑龙江、贵州、陕西、北京、江西、河南、湖南)组织进行了第三次农业气候区划试点工作,力求为农业结构调整、合理利用气候资源提供科学依据。从1998年开始实施,经两年多的努力,基本完成第三次农业气候区划试点中的各项任务。

(1)第三次区划试点成果

此次区划试点工作以"3S"技术为主体,以现代计算机网络、多媒体等高新技术为基础,建立了农业气候资源及区划系统,初步实现试点省的农业气候资源动态监测评价、小网格气候资源的推算和精细化,使农业气候区划的客观化和自动化水平有很大提高。同时,此次区划从应用和服务的宗旨出发,开发了区划信息管理系统,将区划成果贯穿到农业生产全系列服务,为各级政府、农业部门提供了农业产业结构调整的决策依据,取得显著的社会、经济和生态效益。具体成果如下:

①建立的农业气候资源与区划信息系统是面向专业技术人员的区划专用工具,包括十大子系统,适用于气候资源监测评价、气候资源管理与分析、资源信息空间查询、省地(市)县三级区划产品制作等,其技术方法、手段、现代化程度比以前的区划有明显提高。

②采用先进的B/S体系结构,包括数据服务、业务服务、用户服务三层架构,可以实现区划产品网上查询,为各级农业部门、广大农村用户提供农业产业结构调整依据;为气候资源动态监测开发利用和保护、政府决策创造高效率的协同环境。

③开发的两系杂交稻制种气候资源空间最优配置信息系统脱离了GIS单机版平台,与实时气象网络通信连为一体,可以将区划服务贯穿到作物生产基地选择、关键生育期气象服务、农业生产技术指导等全系列服务。

④建立的气候资源数据库、小网格资源数据库、地理基础数据库、农业背景数据库、农业气象观测报表信息化管理与区划指标库及管理系统,为利用多元数据集成制作区划奠定了基础,克服了以往区划资料较单一的缺陷。

⑤开发的小网格气候资源推算子系统可以通过人机对话,快速进行不同气候区农业气候区划要素小网格推算,生成不同要素小网格资源数据层集和图层。

⑥提高了农业气候区划产品制作的自动化、客观化水平。应用区划指标集对小网格资源数据层集进行判别分析、映射叠置处理,通过人机对话,可快速完成区划产品制作,提高农业气候区划产品制作的自动化、客观化水平。

⑦开发的省级农业气候资源动态监测评价系统以可视化方式,通过对气候资源的时空比较、查询和分析,实现了农业气候资源的动态监测与评价。

⑧根据灾害风险分析理论,从孕灾环境、致灾因子、承灾体出发,提出了利用减产率、变异系数、风险概率、农业气象灾害灾度等指标,系统分析了小麦种植、两系杂交稻制种、南药种植、仁用杏花期霜冻、小麦干旱等农业气象灾害风险,并进行了农业气象灾害风险区划。

(2)第三次区划试点的技术特点

第三次农业气候区划试点主要技术特点为:

①建立了"农业气候区划信息系统"(agricultural climatic demarcation information system, ACDIS)。以"3S"技术为主体,以现代计算机、网络、多媒体等高新技术为基础,面向专业技术人员,可以实现农业气候区划的可视化、动态化。

②采用开放数据库接口(open database connectivity, ODBC)技术,建立了涵盖多种数据的庞大数据库,能够全面利用气候、农业、地理等多元数据进行区划。

③利用 GIS 技术,快速进行不同气候区农业气候区划要素的小网格推算,生成栅格化的小网格气候资源数据,通过由点到面的气候资料,实现了农业气候区划的精细化。

④进行了农业气象灾害风险区划。

⑤开发了农业气象观测记录报表管理系统,解决了困扰多年的农业气象观测记录报表信息化问题。

3.4.4 精细化农业气候区划

第三次农业气候区划试点工作将"3S"技术引入了农业气候区划试点工作之中,大大提高了工作效率与区划精度。但是仍存在不足,一是未能实现全国区划;二是仍然立足于静态农业气候区划,未能考虑气候变化的作用与影响;三是未能将卫星遥感应用于精细化农业气候资源分析;四是区划产品的制作手段相对落后,制作周期较长,严重影响了区划成果的深化应用;五是未能构建成果共享平台,严重影响了成果的推广应用。

为了使农业气候区划更好地为各级政府分类指导农业生产和农村产业结构调整,发挥区域气候优势提供科学依据和技术支撑,在农业产业结构调整、发展特色农业、为"三农"服务等工作中发挥重大作用,有必要更加广泛地应用各种高新技术,进一步提高农业气候区划的科技创新能力和现代化水平。正在开展的精细化农业气候区划工作,正是试图充分发挥计算机、宽带高速网络、多媒体、"3S"等高新技术在资料收集、处理、分析及成果显示与应用服务手段等方面的强大功能,使农业气候资源分析和评价由平面走向立体,从宏观走向精细,变静态为动态,从而最大限度和更广泛地为各级政府及政策制定部门提供决策的技术支持。同时,也可以成为向社会公众提供有关农业气候区划信息的服务平台。

所谓精细化农业气候区划是以常规气候观测资料、卫星遥感资料、农业背景资料、基础地理信息等为数据源,在 GIS 技术的支持下,通过建立气候、遥感与基础地理信息的耦合模型,使用网格化的农业气候资源空间数据集,根据农业气候指标和农业气候相似原则,进行的高分辨率、高精细度的农业气候区划。

3.4.4.1 精细化农业气候区划的技术思路

以常规气候观测、卫星遥感、农业背景、地理信息等资料为基础数据源,在"3S"集成技术的支持下,通过建立气候、遥感与农业信息的耦合模型,获得精细化的农业气候资源时空分布数据集。在总结分析以往农业气候区划成果的基础上,确定精细化农业气候区划的技术方法、指标体系,建立农业气候资源分析与农业气候区划模型。基于网格化地理信息系统技术,开发交互式精细化农业气候区划产品制作平台和网络共享发布与服务平台,形成可以业务化运行的精细化农业气候区划应用服务系统。

3.4.4.2 精细化农业气候区划的设计目标

(1)基于 GIS 和遥感的资料应用精细化

以气象台站的长时间序列气候资料和高分辨率的基础地理信息数据为基础,通过应用先进的气候要素细网格推算模型,得到格点上的气候要素值分布。与此同时,以长时间序列的美国国家海洋和大气管理局(National Oceanic and Atmospheric Administration,NOAA)卫星资料为基础,通过云识别、分类与合成处理,得到年、季、月、旬的早、中、晚和午夜的云覆盖率图;通过对晴空区红外遥感信息的进一步合成处理,得到与云覆盖率对应时段的平均、最高、最低、极差等陆面温度(land surface temperature，LST)图。再进行一系列的计算处理，得到年、季、月、旬的日照、土壤湿度、长波辐射(outgoing longwave radiation，OLR)、相对蒸散、水体等要素的有关反演资料；根据东部山区与西部山区气候考察资料及相关科研成果，研究建立南方山地立体气候空间分布模型；通过常规气候要素的细网格推算模型与卫星遥感气候要素空间分析模型的耦合，建立千米网格年、季、月、旬的光能、热量、降水、蒸散等农业气候要素的时空分布模型，以实现农业气候资源利用分析的精细化、定量化和格点化。

(2)功能强大的区划产品制作平台

针对制作精细化农业气候区划产品的需要，通过数据、功能与业务需求分析，采用组件式GIS技术，选择国内外成熟先进的开发工具和支持平台，开发建立功能强大、运行稳定、界面友好、具有较强容错能力的人机交互式的软件平台。

平台的总体功能应包括：GIS的基本功能、气象资料统计分析、交互式气候要素空间分析模型的构建、农业气候要素的细网格推算、本地资料的管理、交互式农业气候区划制作、区划专题图制作、区划产品加工包装、全球定位系统(global position system，GPS)数据采集、用户外接程序管理十大功能模块。

3.4.4.3　GIS在精细化农业气候区划中的应用

GIS起源于20世纪60年代，是一门属于高新技术领域的交叉学科，它是以地理空间数据库为基础，在计算机软件、硬件的支持下，对空间数据进行采集、管理、操作、分类、模拟、输出的空间信息系统。

气候资源的分布有明显的地域性特征，可用地理空间数据来描述。然而，由于气候观测站点稀疏，不足以精确地反映整个空间的气候状况，为此需要进行空间数据的内插。要达到这一目的，需从现有观测资料中找出一个函数关系式，将气候要素推算到一定空间分辨率的细网格点上，形成一个空间数据集合。利用GIS空间分析功能，便可以细致地再现单要素气候资源空间分布规律。若将多要素的气候空间数据汇集起来，应用数理统计方法或多边形叠置功能，按多种边界和属性条件组合，就会形成区域性的资源分布，实现多要素综合评价，达到农业气候区划的目的。

随着对GIS认识的深入及应用水平的提高，将GIS的空间分析功能与传统区划方法结合，分析农业气候资源和空间地理条件对农作物布局的综合影响，得到客观精细的农业气候区划成果就成为区划的新思路。如2005年沈阳大气环境研究所完成了"辽宁省农业气候精细化模拟与专题区划"；2006年西藏自治区气象局完成了"西藏农业气候资源区划"；2009年湖南省气象局完成了"主要作物种植适宜性精细化气候区划"等。

GIS技术在农业气候区划中的应用，不但弥补了常规气象观测站点数量少、资料有限的缺陷，还提高了区划精度和效率。传统农业气候区划所用的气候资料只限于气象观测站点，区划精度局限于行政区，一般是县级行政区。而对行政区内因地形、地貌差异引起的区内差异难以体现。由于插值技术的运用，精细化农业气候区划精度可达到500 m×500 m，甚至100 m×100 m，精度大大提高，实现了从过去粗放型区划向精准型区划的突破。

3.4.4.4　基于GIS的精细化农业气候区划的关键技术

传统农业气候区划往往侧重于来自气象站点的气候指标，在分析无站点复杂地形的局地气候问题时，一般是在考虑海拔高度的背景下参照邻近气象站点资料，难以精确地说明局地气候问题。

GIS 在气候资源区划中的应用,核心是气候资源的推算和空间分析,关键在于找到一种空间模型,使气象要素很好地与地理信息结合起来。

(1)气候资料网格推算模型的建立

气候分布与地形、地貌等密切相关。要详细了解这种关系,可用多元回归分析的方法,将气候要素与经度、纬度、海拔高度、坡度、坡向等地形因子进行相关分析,并建立小网格推算模型。

(2)地表网格单元气候资料的推算

气候资源是一个空间数据。空间数据的特征是空间中的一个点不仅具有一定的属性值,且具有相应的空间位置。空间位置的定位可以用某一种地理坐标(如经纬网或公里网)来描述。当知道某个网格点的地理位置、地形属性值时,便可以通过网格推算模型进行推算,求出该点相应的属性值,即网格点的数据。

(3)气候资源空间分析及产品输出

利用 GIS 技术使气候资源空间数据以图像的形式表示出来。经过数次中值滤波,滤掉噪声,应用平滑处理除去一些细碎的斑点。再根据每一种气象要素图像分级标准对数据图像进行分级运算,得到气候资源栅格图像。将此栅格文件转换为多边形矢量文件,再建立拓扑关系,使每个多边形获取相应的属性值,便得到气候资源等值线分布图。若给予不同属性的多边形赋以不同的颜色,则生成气候资源色斑图。最后加上标题、图例,即完成了气候资源矢量图的制作。

(4)多因子综合评价及产品输出

多因子统计分析被广泛地应用于数据分类和综合评价,是 GIS 的重要组成部分。综合评价一般经过评价因子的选择、因子权重的确定、因子内各类别对评价目标影响程度的确定、选用某种方法进行多因子综合评分等几个过程。

多因子综合评价,首先对所选的每一个因子进行小网格资料推算,得到其地理空间数据。在此基础上,根据区划指标和每一因子不同等级的评分标准,从多幅地图中提取数据,进行地图逻辑运算。通过条件组合、分析判断,最后经过数理统计,得到区划结果的数字地图。再经过滤波、平滑、分级、栅格转矢量、拓扑、赋色等处理,完成区划信息的提取。这样,区划专题图就以图层的形式加入到空间数据库中,从而实现区划图的浏览、输出等。

第4章 农业气象灾害

我国地处季风气候区,天气气候条件年际变化很大,气象灾害种类多、分布地域广、发生频率高、造成损失重。据统计,我国每年各类气象灾害和森林草原火灾等气象次生和衍生灾害影响的人口众多,造成的经济损失严重。特别是在农业领域,我国每年因各种气象灾害造成的农作物受灾严重,对农业可持续发展和粮食安全构成了巨大威胁。

近年来,在全球气候变暖为主要特征的气候变化背景下,极端天气气候事件增加,农业气象灾害发生频率和强度呈明显上升态势,加之于我国农业生产基础设施薄弱,抗御自然灾害能力很差,这就使得加强对各种灾种成因、特点的认识,及时、准确地监测预报农业气象灾害,以保证农业生产持续稳定发展显得尤为重要。

4.1 农业气象灾害概念

气象灾害是自然灾害的一种,是指由于气象原因能够直接造成生命伤亡与人类社会财产损失的灾害,属于自然灾害中的原生灾害。农业气象灾害属于气象灾害,指农业生产过程中发生的导致农业显著减产的不利天气或气候条件的总称。

光、温、水、气各项气象因子或两项以上因子的时空量不合理分配,均可能引起不同的农业气象灾害。水分异常引起的农业气象灾害有干旱、洪涝、湿害、冰雪灾害、冰雹等,温度异常引起的农业气象灾害包括低温冷害、寒害、冻害、霜冻、寒露风、高温热害等,复合要素异常引起的农业气象灾害有干热风、连阴雨等,气流异常引起的农业气象灾害有台风、龙卷风、雷暴、大风等。有些灾害造成的影响是显性的,在灾害发生后通过外在的形态特征可直观判断,如洪涝、大风、冰雹等;有些是隐性的,例如,冷害、热害、寒露风等,出现受害症状的时间滞后,需要一定时间才能观察到;还有些灾害致灾机理相似,但出现的条件、危害的时间和指标不同,例如,霜冻害、冻害、冷害、寒害虽然同是低温造成的危害,但四者却不是一个概念。

虽然中国农业气象灾害种类繁多,但从其对农业、农村经济的影响程度来看,主要是干旱、洪涝、低温、冷冻害及台风、冰雹,其造成农作物受灾面积的比例如图4.1所示。

旱涝灾害对农业的危害远大于温度异常的灾害。其中,干旱是全国性的农业气象灾害,是各种灾害中影响农业生产最严重的农业气象灾害。洪涝、渍涝虽然是局地型灾害,但往往受灾地区绝产现象严重。

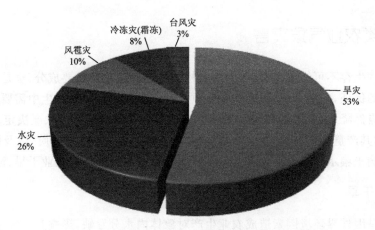

图 4.1　1981—2010 年中国主要气象灾害造成农作物受害面积的比例

4.2　我国主要农业气象灾害地区分布

　　中国受季风气候影响,冷暖变幅较大,各地降水时空分布不均,农业气象灾害较频繁。我国各种农业气象灾害的分布与危害区域如表 4.1 所示。

表 4.1　我国主要农业气象灾害的分布与危害

灾害名称	发生时间	主要发生区域	受害对象
干旱	冬季	西南、华南	冬小麦、玉米、甘蔗等经济作物
	春季	西北、华北、东北	冬小麦、玉米等
	夏季	西北、东北、华北	玉米、大豆等
	秋季	华北、江南	冬小麦、水稻
洪涝	春季	华南	早稻、经济作物
	夏季	全国各地	玉米、大豆、棉花、水稻等
低温冷害	夏季	东北、新疆、内蒙古、宁夏等	玉米、水稻、大豆、棉花、高粱、谷子等
	秋季	长江流域及华南地区	双季晚稻
	冬季	华南地区	荔枝、龙眼、芒果、香蕉等热带经济作物、水产养殖
	春季	长江流域和华北地区	小麦、棉花、水稻等
霜冻	秋季	东北、西北	水稻、玉米、大豆、高粱等
	春季	西北、华北、华东	冬小麦、油菜、蔬菜及水果
冻害	冬季	西北、华北、华中、华东	冬小麦、油菜、蔬菜及柑橘、葡萄等林果
高温热害	夏季	江南、华南	玉米、水稻、大豆、高粱、谷子等
冰雹	春季、夏季	全国各地	各种农作物和经济作物、林果等
干热风	后春至夏初	西北、华北、华中、华东	冬小麦
连阴雨	春季	江南、华南	双季早稻
	秋季	西北东部、西南中东部、华北大部	冬小麦、油菜、玉米等

4.3 水分类农业气象灾害

水分是生物生存不可缺少的条件,它既是构成生物有机体的重要成分,也是生物全部生命过程正常进行的保证,它和辐射、温度一样是重要的气象因子。植物一生中需要的大量土壤水分主要依赖于自然降水(或灌溉)。在农业生产中,水分的分布和供应状况决定着作物种类及分布,同时影响其产量高低和品质优劣。降水量的多寡,降水强度和性质,以及降水时间的分配等都直接影响土壤水分状况。由水分异常引起的农业气象灾害有农业干旱、渍涝等。

4.3.1 农业干旱

农业干旱是因外界环境因素造成农业生产对象体内水分亏缺,影响其正常生长发育,导致减产或失收的农业气象灾害(张养才 等,1991)。农业干旱具有季节性、区域性、随机性、时间与空间的连续性等特征。农业干旱涉及土壤、作物、大气和人类对资源利用等多方面因素,而且与社会经济关系密切。因此,农业干旱影响是渐进累积、动态变化的过程,它是许多因素综合影响的结果(蒋桂芹 等,2012;冯定原 等,1995)(图 4.2)。

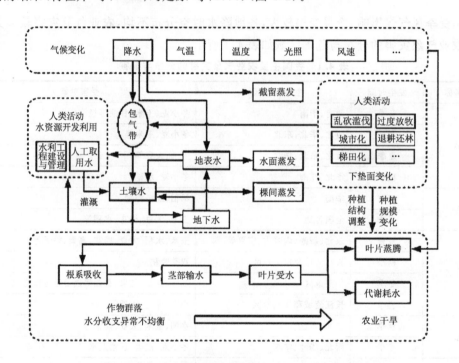

图 4.2 农业干旱主要驱动因子和驱动机制(蒋桂芹 等,2012)

4.3.1.1 干旱的类型

1997 年,美国气象学会(American Meteorological Society,AMS)将干旱定义为 4 种类型:气象干旱或气候干旱、农业干旱、水文干旱及社会经济干旱。其中,气象干旱或气候干旱指的是大气条件导致降水减少或无降水的现象,其特点是可很快结束。农业干旱指的是地表层水不能满足作物生长需要的现象,其特点是影响作物或其他农业生产对象的生长。水文干旱指的是河流流量、地表水、水库蓄水等减少的现象,其特点是持续时间长。社会经济干旱指的是某些商品供需与干旱相关的现象,与前 3 种干旱均有联系。

农业干旱的暴发可晚于气象干旱,取决于前期的地表土壤层水分状况。这种干旱往往是短暂的,但如果发生在作物生育中后期就会导致减产。土壤干旱是由于土壤含水量少,土壤颗粒对水分的吸力大,植物的根系难以从土壤中吸收到足够的水分来补偿蒸腾的消耗,体内的水分收支失去平衡,从而影响生理活动的正常进行,导致作物受旱萎蔫,甚至死亡。大气干旱与土壤干旱二者相互作用,长时间的大气干旱会导致土壤干旱,同样,土壤干旱也会加重近地气层的大气干旱;若二者同时发生,则危害加重。农业干旱主要是由大气干旱或土壤干旱导致作物生理干旱而引发的,它涉及土壤、作物、大气和人类对资源利用等多方面综合因素,不仅是一种物理过程,而且也与作物本身的生物过程等有关。

4.3.1.2　农业干旱的致灾机理

农业干旱对作物造成危害的机理主要包括以下几方面:a. 破坏了作物的细胞膜结构。干旱后,细胞严重失水,植物体内活性氧累积,导致细胞膜脂过氧化,引起伤害。b. 改变了作物内源激素平衡。延缓或抑制生长的激素增多,分生组织细胞分裂减慢或停止,细胞伸长受到抑制,生长速率大大降低;导致遭受一段时间干旱胁迫后的植株个体低矮,光合叶面积明显减少,导致产量显著降低。c. 使作物细胞原生质受到损伤。当细胞失水或再吸水时,原生质体与细胞壁均会收缩或膨胀,但由于弹性不同,两者的收缩程度和膨胀速度不同,致使原生质被拉破。d. 导致光合作用减弱。水分亏缺使气孔开度减小,气孔阻力逐步增大,最终导致气孔完全关闭,这样在减少水分丢失的同时,也明显限制对 CO_2 的吸收,因而光合作用减弱;水分胁迫使叶绿体的片层结构受损、叶绿素含量减少等,光合活性下降。e. 造成呼吸作用失调。水分亏缺下,呼吸作用在一段时间内加强,呼吸能量大多以热的形式散失,有机物质消耗过速。f. 使有机物合成与分解异常。由于核酸酶活性提高,多聚核糖体解聚及三磷腺苷合成减少,使蛋白质合成受阻。

4.3.1.3　农业干旱的时空分布

近 50 年来中国干旱灾害发展具有面积增大和频率加快的趋势。根据 1960—2013 年全国农业干旱发生面积(受灾面积和成灾面积)统计资料的分析(图 4.3),近 50 年全国多年平均受

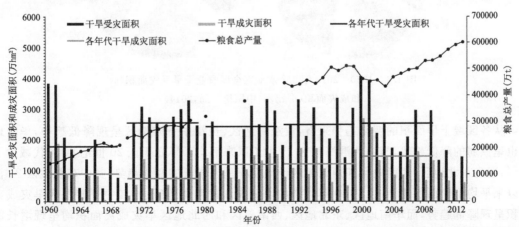

图 4.3　1960—2013 年全国农业干旱发生面积(受灾面积、成灾面积)和粮食总产量(中国统计局,2014)

灾面积约为 2238.4 万 hm²,约占全国农作物播种总面积的 15%;其中成灾面积平均为 1051.9 万 hm²,约占全国农作物播种总面积的 7.0%。近 50 年干旱受灾面积最大的 5 年分别为 2000 年、2001 年、1960 年、1961 年和 1997 年;干旱成灾面积最大的 5 年分别为 2000 年、2001 年、1997 年、1961 年、1994 年。20 世纪 60 年代、70 年代、80 年代、90 年代和 21 世纪前 10 年全国平均干旱受灾面积依次为 1765.0 万 hm²、2536.9 万 hm²、2414.1 万 hm²、2491.0 万 hm² 和 2507.9 万 hm²;干旱成灾面积分别为 883.9 万 hm²、735.7 万 hm²、1193.0 万 hm²、1194.5 万 hm² 和 1446.6 万 hm²。可见,干旱受灾面积从 20 世纪 70 年代至 21 世纪前 10 年均居高不下,多在 2400 万 hm² 以上,而干旱成灾面积在 21 世纪前 10 年为最高(表 4.2)。

表 4.2　1960—2013 年各年代农业干旱受灾面积和成灾面积

	20 世纪 60 年代	20 世纪 70 年代	20 世纪 80 年代	20 世纪 90 年代	21 世纪 前 10 年	2010—2013 年
全国平均干旱面积(万 hm²)	1765.0	2536.9	2414.1	2491.0	2507.9	1325.1
干旱成灾面积(万 hm²)	883.9	735.7	1193.0	1194.5	1446.6	623.7

黄淮海、长江中下游、东北、华南、西南和西北 6 个农业区干旱平均受灾面积占比分别约为 28%、20%、19%、12%、5% 和 16%(图 4.4(a)),成灾面积占比分别约为 23%、17%、25%、14%、4% 和 17%(图 4.4(b))。其中,黄淮海地区受灾面积、成灾面积、绝收面积均处于 6 个农业区首位。东北地区的干旱受灾面积占全国的 19%,但绝收面积却达到了 25%;此外,西南地区受灾、成灾面积所占全国比例并不大,但绝收面积所占比例大于受灾、成灾面积所占比例,显然东北地区和西南地区对干旱灾害的承灾能力均较弱,干旱后造成农业损失较严重。

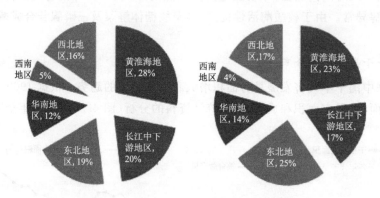

图 4.4　1960—2013 年 6 个农业区全国农业干旱受灾面积(a)
和成灾面积(b)比例(中国统计局,2014)

从各区域干旱面积的变化趋势来看,黄淮海地区、长江中下游地区呈现降低趋势,华南地区也呈微弱的降低趋势,其中黄淮海地区 21 世纪以来平均干旱面积比 20 世纪 80 年代减少了 40%;但是东北地区、西南地区和西北地区干旱面积呈现增长的变化趋势,其中东北地区 21 世纪以来平均干旱面积比 20 世纪 80 年代增加了 9 成。黄淮海地区、长江中下游地区旱灾成灾面积呈现降低趋势,而华南地区、东北地区、西南地区和西北地区旱灾成灾面积均呈现增长的变化趋势;其中黄淮海地区因旱受灾面积占全国的比例从 20 世纪 80 年代的 38% 左右下降到

90 年代的 32% 左右,到 21 世纪黄淮海地区因旱受灾面积占全国的比例约为 22%;而东北地区因旱受灾面积占全国的比例从 20 世纪 80 年代的 21.7% 上升到 21 世纪以来的 35% 左右。

4.3.1.4　农业干旱的指标

农业干旱受各种自然的或人为因素的影响,气象条件、水文条件、农作物布局、作物品种及生长状况、耕作制度及耕作水平都可对农业干旱的发生与发展起到重要的影响作用;比较常用的农业干旱指标有降水量指标、土壤含水量指标、作物旱情指标及综合性旱情指标等。中国气象局农业干旱监测预报业务已经具有明确的技术方法和业务规范。

农业干旱指标包括土壤相对湿度、作物水分亏缺指数距平、降水距平、遥感植被供水指数。上述指标从不同角度反映出农业干旱的程度,但存在各自的优势和劣势。土壤水分的优势在于能直观地反映旱地作物农田水分多少,但无法进行水田旱情监测,同时也忽略了蓄水量对干旱的抑制作用;作物水分亏缺指数距平虽能反映作物水分的满足程度,但在气候干燥的区域需水量偏大,且灌溉作用无法考虑;降水距平虽能直观反映出雨养农业的水分供应状况,但不能表征降水对作物利用的有效性;遥感方法虽直观,但在云和植被状况影响下,存在较大的不确定性。因此,需要发挥各种指标的优势,根据所处区域的土壤、气候、植被特点等加权集成综合农业干旱指数作为农业干旱监测预报的指标。

(1)农业干旱综合指数计算与等级划分

农业干旱综合指数是对土壤相对湿度、作物水分亏缺指数距平、降水距平、遥感植被供水指数 4 种农业干旱指标的加权集成,计算方法如式(4.1)所示:

$$DRG = \sum_{i=1}^{n} f_i \times w_i \tag{4.1}$$

式中,DRG 为综合农业干旱指数,f_1,f_2,$\cdots$,f_n 分别为土壤相对湿度、作物水分亏缺指数距平、降水距平、遥感干旱指数等;w_1,w_2,$\cdots$,w_n 为各指数的权重值,可采用层次分析法确定,也可由专家经验判定。

农业干旱综合指数等级划分如表 4.3 所示。

表 4.3　农业干旱综合指数等级

干旱等级	农业干旱综合指数
轻旱	$1 < DRG \leqslant 2$
中旱	$2 < DRG \leqslant 3$
重旱	$3 < DRG \leqslant 4$
特旱	$DRG > 4$

(2)单项农业干旱指标计算和分级

①土壤相对湿度。土壤相对湿度直接反映了旱地作物可利用水分的状况,它与环境气象条件、作物生长发育关系密切,也与土壤物理特性有很大关系,对于不同作物品种、同种作物的不同发育阶段、不同质地土壤,作物可利用水的指标间存在一定差异。考虑作物根系发育情况,在旱地作物播种期和苗期土层厚度分别取 0~10 cm 与 0~20 cm,其他生长发育阶段取 0~50 cm。

土壤相对湿度的计算如式(4.2)所示:

$$R_{sm} = a \times (\sum_{i=1}^{n} \frac{w_i}{f_{ci}} \times 100\%)/n \tag{4.2}$$

式中,R_{sm}为土壤相对湿度,单位:%;a为作物发育期调节系数,苗期为 1.1,水分临界期(表 4.4)为 0.9,其余发育期为 1;w_i为第 i 层土壤湿度,单位:%;f_{ci}为第 i 层土壤田间持水量,单位:%;n为作物发育阶段对应土层厚度内观测层次(一般以 10 cm 为划分单位)的个数(在作物播种期 $n=1$,苗期 $n=2$,其他生长阶段 $n=5$)。

土壤相对湿度的农业干旱等级划分如表 4.5 所示。

表 4.4 几种主要作物的水分临界期

作物	水分临界期	作物	水分临界期
冬小麦	孕穗至抽穗	大豆	开花至鼓粒
春小麦	孕穗至抽穗	花生	开花下针至结荚
水稻	孕穗至开花	高粱	孕穗至灌浆
玉米	孕穗至乳熟	谷子	孕穗至灌浆
油菜	抽薹至开花	向日葵	花盘形成至开花
棉花	开花至成铃	马铃薯	开花至块茎形成

表 4.5 土壤相对湿度(R_{sm})的农业干旱等级

等级	类型	土壤相对湿度指数(%)		
		沙土	壤土	黏土
1	轻旱	$45 \leqslant R_{sm} < 55$	$50 \leqslant R_{sm} < 60$	$55 \leqslant R_{sm} < 65$
2	中旱	$35 \leqslant R_{sm} < 45$	$40 \leqslant R_{sm} < 50$	$45 \leqslant R_{sm} < 55$
3	重旱	$25 \leqslant R_{sm} < 35$	$30 \leqslant R_{sm} < 40$	$35 \leqslant R_{sm} < 45$
4	特旱	$R_{sm} < 25$	$R_{sm} < 30$	$R_{sm} < 35$

②作物水分亏缺指数距平。作物水分亏缺指数为水分盈亏量与作物需水量的比值,直接反映出作物水分需求与供给之间的差值,但由于不同季节、不同气候区域,作物种类不同,蒸散差别较大,难于以统一的标准表达各区域水分亏缺程度,因此,选用作物水分亏缺指数距平以消除区域与季节差异。某时段作物水分亏缺指数距平(CWDIa)按公式(4.3)采用逐日滚动的方法进行计算:

$$CWDIa = \begin{cases} \dfrac{CWDI - \overline{CWDI}}{100 - \overline{CWDI}} \times 100\% & (\overline{CWDI} > 0) \\ CWDI & (\overline{CWDI} \leqslant 0) \end{cases} \tag{4.3}$$

式中,CWDIa 为某时段作物水分亏缺指数距平,单位:%;CWDI 为某时段作物水分亏缺指数,单位:%;$\overline{CWDI}$为所计算时段同期作物水分亏缺指数平均值,单位:%。

$$\overline{CWDI} = \frac{1}{n} \sum_{i=1}^{n} CWDI_i \tag{4.4}$$

式中,n 为 30 年,$i = 1, 2, \cdots, n$。

$$CWDI = a \times CWDI_j + b \times CWDI_{j-1} + c \times CWDI_{j-2} + d \times CWDI_{j-3} + e \times CWDI_{j-4} \tag{4.5}$$

式中,$CWDI_j$ 为第 j 时间单位(考虑到农业干旱为累积型灾害,一般取 10 d 为一个时间单位,采用逐日滚动方法计算)的水分亏缺指数,单位:%;$CWDI_{j-1}$ 为第 $j-1$ 时间单位的水分亏缺指数,单位:%;$CWDI_{j-2}$ 为第 $j-2$ 时间单位的水分亏缺指数,单位:%;$CWDI_{j-3}$ 为第 $j-3$ 时间单位的水分亏缺指数,单位:%;$CWDI_{j-4}$ 为第 $j-4$ 时间单位的水分亏缺指数,单位:%;a、b、c、d、e 为权重系数,a 取值为 0.3,b 取值为 0.25,c 取值为 0.2,d 取值为 0.15,e 取值为 0.1。各地可根据当地实际情况确定相应系数值。

由式(4.6)计算:

$$CWDI_j = \left(1 - \frac{P_j + I}{ET_{cj}}\right) \times 100\% \tag{4.6}$$

式中,P_j 为某 10 d 累计降水量,单位:mm;I_j 为某 10 d 的灌溉量,单位:mm;ET_{cj} 为作物某 10 d 可能蒸散量,单位:mm,可由式(2.7)计算:

$$ET_{cj} = K_c \cdot ET_0 \tag{4.7}$$

式中,ET_0 为某 10 d 的参考作物潜在蒸散量,采用联合国粮食及农业组织(FAO)推荐的 Penman-Monteith 公式计算,具体方法采用《气象干旱等级》(GB/T 20481—2017);K_c 为某 10 d 某种作物所处发育阶段的作物系数或多种作物的平均作物系数,有条件的地区可以根据实验数据来确定本地的作物系数,无条件的地区可以直接采用 FAO 的数值(表 4.6)或国内邻近地区通过试验确定的数值(表 4.7～4.14)。作物水分亏缺指数距平($CWDIa$)的农业干旱等级划分如表 4.15 所示。

表 4.6 FAO 主要作物各生育阶段的作物系数(K_c)参考值

作物	K_{cinia}^a	K_{cmid}	K_{cend}	最大作物高度(m)
冬小麦	0.4 土壤封冻, 0.7 未封冻	1.15	0.2～0.4[b]	1.0
春小麦	0.3	1.15	0.2～0.4[b]	1.0
玉米	0.3	1.20	0.60,0.35[c]	2.0
水稻	1.05	1.20	0.9～0.6	1.0
棉花	0.35	1.15～1.20	0.70～0.50	1.2～1.5
高粱	0.3	1.0～1.10	0.55	1.0～2.0
大豆	0.4	1.15	0.50	0.5～1.0
花生	0.4	1.15	0.60	0.4
向日葵	0.7～0.8	1.05～1.2[b]	0.7～0.8[d]	2.0
油菜	0.35	1.0～1.15[b]	0.35[d]	0.6
马铃薯	0.5	5	0.75[e]	0.6

注:a:K_{cinia} 常规值较土壤湿润的状况偏低,对经常喷灌和几乎天天降雨的地区其值可增大到 1.0～1.2;

b:手工收割的作物 K_{cend} 高于机械收割;

c:K_{cend} 的前值表示籽粒含水量较高的情况,后值表示在籽粒干燥的情况;

d:在雨养农业区作物的 K_{cmid} 值低于高密度种植区;

e:生长周期长,直到地上部分枯死的马铃薯 K_{cend} 为 0.4 左右。

表 4.7　冬小麦各月作物系数(K_c)值

地区	10 月	11 月	12 月	1 月	2 月	3 月	4 月	5 月	6 月
山西	0.58	0.76	0.4	0.14	0.24	0.58	1.04	1.24	0.84
河北	0.85	0.92	0.54	0.33	0.24	0.42	1.14	1.42	0.73
河南	0.63	0.83	0.93	0.31	0.50	0.91	1.40	1.29	0.60
山东	0.67	0.70	0.74	0.64	0.64	0.90	1.22	1.13	0.83
安徽	1.18	1.15	1.25	1.13	1.14	1.07	1.16	0.87	
江苏	1.14	1.14	1.19	0.82	0.91	0.86	1.77	1.43	0.41

表 4.8　春小麦各月作物系数(K_c)值

地区	3 月	4 月	5 月	6 月	7 月	8 月	9 月	全生育期
辽宁		0.58	0.77	0.89	1.19			0.82
内蒙古		0.47~0.55	0.78~0.90	1.16~1.59	0.82~1.48			0.92~1.13
青海	0.25~0.64	0.29~0.75	0.97~1.23	1.00~0.32	0.97~1.97	1.01	1.41	0.90~1.15
宁夏	0.9	0.5	1.43	1.31	0.61			1.118

表 4.9　棉花各月作物系数(K_c)值

地区	4 月	5 月	6 月	7 月	8 月	9 月	10 月	全生育期
山东	0.53~0.62	0.60~0.67	0.52~0.73	1.24~1.43	1.40~1.43	1.06~1.26	0.69~0.98	0.94~0.97
河北	0.38~0.78	0.38~0.62	0.53~0.73	0.78~1.07	1.07~1.21	0.89~1.39	0.74~0.78	0.71~0.75
河南	0.32~0.69	0.32~0.69	0.48~1.07	1.07~1.28	1.23~1.73	0.55~1.40	0.55~1.20	0.87~0.89
陕西	0.66	0.60~0.73	0.69~0.77	1.16~1.23	1.29~1.44	1.25~1.58	1.60~1.65	0.96
江苏		0.49	0.85	1.32	1.26	1.1	1.06	0.97

表 4.10　夏玉米各月作物系数(K_c)值

地区	6 月	7 月	8 月	9 月	全生育期
山东	0.47~0.88	0.92~1.08	1.27~1.56	1.06~1.27	1.05~1.18
河北	0.49~0.65	0.60~0.84	0.94~1.22	1.34~1.76	0.84~0.96
河南	0.47~0.85	1.13~1.35	1.67~1.79	1.06~1.32	0.99~1.14
陕西	0.50~0.54	0.67~1.05	0.94~1.43	0.99~1.86	0.85~1.07

表 4.11　春玉米各月作物系数(K_c)值

地区	4 月	5 月	6 月	7 月	8 月	9 月	全生育期
辽宁	0.36~0.46	0.40~0.70	0.70~0.92	1.13~1.26	1.04~1.25	0.77~0.89	0.76~0.82
内蒙古		0.16	0.62	1.51	1.39	1.21	0.86
陕西	0.55	0.75~0.79	0.78~0.79	1.18~1.64	0.95~1.68	1.09~1.25	0.89~1.07

表 4.12 早稻各月作物系数 K_c 值

地区	3 月	4 月	5 月	6 月	7 月
湖南		1	1.03～1.32	1.29～1.48	1.17～1.45
广东	1.65	1.39～1.46	1.29～1.48	1.44～1.45	1.19～1.31
广西		1.02～1.09	1.11～1.12	1.10～1.14	0.99～1.03
福建		1.08～1.12	1.18～1.33	1.19～1.34	1.08～1.21
浙江			0.93～1.52	1.01～1.81	0.94～1.51
湖北		1	1.09～1.32	1.30～1.44	1.20～1.26
安徽		1.07	1.13～1.29	1.23～1.45	1.09～1.49

表 4.13 晚稻各月作物系数 K_c 值

地区	6 月	7 月	8 月	9 月	10 月	11 月
湖南		0.9～1.07	1.12～1.29	1.33～1.57	1.18～1.57	1
广东	1.41	1.12～1.16	1.30～1.37	1.53～1.54	1.51～1.53	1.33～1.49
广西			1.03～1.05	1.10～1.15	1.09～1.12	1.05～1.10
福建		0.99～1.00	1.10～1.16	1.44～1.47	1.47～1.57	1.23～1.42
浙江			1.07～1.41	1.12～1.51	0.85～1.34	0.84～1.16
湖北		1.01～1.09	1.09～1.15	1.26～1.42	1.10～1.33	
安徽		1.02～1.24	1.17～1.61	1.37～1.80	1.11～1.74	

表 4.14 中稻各月作物系数 K_c 值

地区	5 月	6 月	7 月	8 月	9 月
安徽	1.02	1.00～1.33	1.20～1.35	1.20～1.45	1.05～1.30
四川	1.00～1.30	1.10～1.50	1.10～1.70	1.20～1.80	1.00～1.60
湖北	1.35	1.50	1.40	0.94	1.24
云南	1.30	1.50	1.70	1.80	1.50
陕西	1.62	1.28～1.64	1.54～1.72	1.37～1.80	1.79～1.98

表 4.15 作物水分亏缺指数距平（CWDIa）的农业干旱等级

等级	类型	作物水分亏缺指数距平（%）	
		水分临界期	其余发育期
1	轻旱	35<CWDIa≤50	40<CWDIa≤55
2	中旱	50<CWDIa≤65	55<CWDIa≤70
3	重旱	65<CWDIa≤80	70<CWDIa≤85
4	特旱	CWDIa>80	CWDIa>85

③遥感植被供水指数。植被供水指数方法适用于有植被覆盖区域。它重点反映作物受旱程度。其物理意义是:作物受旱时,作物冠层通过关闭部分气孔而使蒸腾量减少,避免过多失去水分而枯死。蒸腾减少后,卫星遥感的作物冠层温度增高;另一方面,作物受旱之后不能正

常生长,且叶片萎缩,叶面积指数减少,致使气象卫星遥感的归一化植被指数(normalized difference vegetation index,NDVI)下降,因此,可根据植被指数与冠层温度之比监测作物受旱程度。植被供水指数的计算方法如式(4.8)所示:

$$VSWI = NDVI/LST \tag{4.8}$$

为清除云的影响,以 10 d 为滚动步长,取每个象元最近 10 d 的最大值来代表当日监测结果,即:

$$TNDVI = MAX[NDVI(t)](t=1,2,3,\cdots,10) \tag{4.9}$$

VSWI 为植被供水指数,NDVI 为归一化植被指数,T_s 为最大植被指数 TNDVI 对应的亮温(无云情况下)。根据植被供水指数划分的干旱等级见表4.16。

表 4.16　植被供水指数干旱等级

类型	植被供水指数
轻旱	0.69＜VSWI≤0.725
中旱	0.66＜VSWI≤0.69
重旱	0.64＜VSWI≤0.66
特旱	VSWI≤0.64

在实际监测中,需要结合常规资料、灾情信息、卫星遥感地表温度产品和植被监测产品等信息综合分析后确定干旱等级划分标准。

④降水量距平。降水量距平是表征某时段降水量较气候平均状况偏少程度的指标之一,能直观地反映降水异常引起的农业干旱程度,尤其在雨养农业区。根据降水量距平划分的干旱等级见表4.17。

某时段降水量距平(P_a)按式(4.10)计算:

$$P_a = \frac{P-\overline{P}}{\overline{P}} \times 100\% \tag{4.10}$$

式中,P_a 为某时段(一般取滚动 30 d 为步长)降水量距平百分率,单位:％;P 为某时段降水量,单位:mm;$\overline{P}$ 为计算时段同期气候平均降水量。

$$\overline{P} = \frac{1}{n}\sum_{i=1}^{n} P_i \tag{4.11}$$

式中,n 为 30 年,$i=1,2,\cdots,n$。

表 4.17　降水量距平指数和农业干旱等级

等级	类型	降水量距平指数(％)
1	轻旱	$-60＜P_a≤-40$
2	中旱	$-80＜P_a≤-60$
3	重旱	$-90＜P_a≤-80$
4	特旱	$P_a≤-90$

(3)区域农业干旱评估指标

区域农业干旱的评估以区域农业干旱强度指数为指标,通过建立干旱强度指数的历史序列,对区域农业干旱强度进行评估。

根据农业干旱监测预报指标分析结果,确定各站点或格点农业干旱强度,在确定单点干旱等级的基础上,根据各点不同干旱等级的比例,评定一个地区的区域农业干旱强度。区域农业干旱强度指数的计算方法如下:

$$R_i = \sum_{i=1}^{n} a_i \frac{A_i}{A} \times 100\% (i = 1,2,3,4) \tag{4.12}$$

式中,R_i 为某干旱时段的区域综合农业干旱强度指数;A 为该区域的总播种面积;A_1、A_2、A_3、A_4 分别为出现轻旱、中旱、重旱、特旱的作物面积;根据地面调查统计或指标格点化分析结果确定。a_1、a_2、a_3、a_4 为轻旱、中旱、重旱、特旱等级的权重系数,分别为 $a_1=5$、$a_2=15$、$a_3=30$、$a_4=50$。

区域性农业干旱强度指数干旱等级划分如表 4.18 所示。

表 4.18　区域性农业干旱强度指数干旱等级

等级	类型	区域性农业干旱强度指数(%)
1	轻旱	$2<R_i \leqslant 10$
2	中旱	$11 \leqslant R_i \leqslant 20$
3	重旱	$21 \leqslant R_i \leqslant 30$
4	特旱	$R_i > 30$

(4)农业干旱实地观测调查指标

根据农业气象观测的业务规定,以作物或农田受旱症状为依据,采用农业干旱形态指标并结合旱区土壤状况确定田间调查的农业干旱等级。

农田和作物形态是表征农田和作物受水分胁迫程度外在形态的重要指标,直观地反映出农业干旱对作物的影响程度,采用农田干燥程度、作物播种出苗(秧苗移栽)状况、叶片萎蔫程度等为农田与作物干旱形态指标,用于实地农业干旱调查时对旱情的判断,其干旱等级划分如表 4.19 所示。

表 4.19　农田与作物干旱形态指标的农业干旱等级

等级	类型	农田及作物形态			
		播种期		旱地作物出苗期	水稻移栽期	生长发育阶段
		白地	水田			
1	轻旱	出现干土层,且干土层厚度小于 3 cm	因旱不能适时整地,水稻本田期不能及时按需供水	因旱出苗率为 60%～80%	栽插用水不足,秧苗成活率为 80%～90%	因旱叶片上部卷起
2	中旱	干土层厚度为 3～6 cm	因旱水稻田断水,开始出现干裂	因旱播种困难,出苗率为 40%～60%	因旱不能插秧;秧苗成活率为 60%～80%	因旱叶片白天凋萎
3	重旱	干土层厚度为 7～12 cm	因旱水稻田干裂	因旱无法播种或出苗率为 30%～40%	因旱不能插秧;秧苗成活率为 50%～60%	因旱有死苗、叶片枯萎、果实脱落现象
4	特旱	干土层厚度大于 12 cm	因旱水稻田开裂严重	因旱无法播种或出苗率低于 30%	因旱不能插秧;秧苗成活率小于 50%	因旱植株干枯死亡

4.3.2 渍涝害

渍涝害是由于降水过于集中或时间过长,导致的农田地表积水或地下水饱和,而造成作物生长发育受阻、产量降低,甚至绝收的农业气象灾害。

4.3.2.1 渍涝害的类型

按照降水及积水程度的不同,渍涝害可以分为洪灾、涝害与湿渍害。洪灾指强降水形成洪水径流冲毁设施、淹没农田,造成损失;涝害是指强降水后农田产生积水,无法及时排出,造成作物受淹,当持续时间超过作物的耐淹能力后所形成的危害;而湿渍害则是指由于降水集中,农田地下水位过高,作物根层土壤持续处在过湿状态,土壤中有不透水的障碍层,如砂姜层、黏土层等,使作物根系长期被水浸泡缺氧,影响正常生长发育而形成的危害。

根据湿渍害成因又可把湿渍害分为几种类型:a.由于地势低洼,排水不畅,农田长时间积水,因雨涝成渍而造成的积水型湿害。b.农田受河湖水位影响或有灌溉而排水不良,使地下水位长期处在作物根系活动层内,地下水沿毛管上升达到表土,根系层中土壤含水量接近或超过田间持水量,因湿致渍的潜(湿)渍型湿害,此类湿害广泛分布在河流冲洪积低平原等地。c.农田有礓石层或黏土层存在,透水性差,受其阻隔,降水难以向下渗透。d.地下水埋深浅,可溶性盐随潜水蒸发积聚于土壤表层,耕作层盐碱积累超过作物耐盐碱能力,使作物受害的盐渍型湿害,是农田湿害的一种特殊形式。

4.3.2.2 渍涝害的成因

造成渍涝害的原因主要有5个:

(1)天气因素

引起渍涝的天气通常是降水过于集中或长时期的降水。中国是季风气候,在雨季冷暖气团的锋面雨带摆动或停滞,沿海台风登陆后深入内陆停留,高空低涡和东移西风槽配合,都可形成暴雨或连阴雨,造成农田渍涝。

(2)作物因素

不同种类农作物的抗渍涝能力不同,受灾程度也不同。同样的多雨高湿环境,不同作物或不同发育期,危害程度也不同。如水稻、高粱的抗涝能力较强,小麦、玉米中等,棉花、地瓜、花生等较弱。而且作物的不同发育期抗湿涝能力也不同。在易受涝害的时段遭遇集中降水,则易导致作物受害。

(3)地形因素

冲积扇缘洼地和沿江平原低地排水不畅易发生渍涝害。山岭与平原交界的地方是洪涝多发区,地势低洼的地区和河网地区容易发生渍涝害。

(4)土壤因素

与土壤类型有关,黏土透水性差,田间排水差,容易发生渍涝害。

(5)人类活动

围湖造田、开垦湿地、砍伐森林,都会削弱水体和山林的调蓄功能或加剧水土流失;忽视水利设施维修,损坏防洪设施,都可加重渍涝害。

4.3.2.3 渍涝害的时空分布

中国季风气候的雨季集中在4—9月,渍涝害大多发生在该时期。另外,南方降雨强度大,雨季时间长,也是渍涝害的主要影响区域。但北方在夏季,局地强降雨也时有发生,也会发生局地渍涝害。

4.3.2.4 渍涝害的指标

研究表明,抗涝能力较强的作物为水稻、高粱;抗涝能力中等的作物为小麦、大豆、玉米;抗涝能力较弱的作物为棉花、甘薯、花生、谷子、芝麻等。农作物不同发育期对渍涝灾害的反应差异较大,同一强度的渍涝灾害发生于作物不同的发育期,其损失程度存在较大差异,其中禾本科作物在孕穗、抽穗期对产量影响最大。

(1)作物耐涝、耐渍指标

水利部门为对排水工程制定标准,对作物的耐涝、耐渍性进行了试验研究,得出反映作物不同发育期的耐涝、耐渍能力,淹水、渍水和历时指标(表 4.20、表 4.21)。

表 4.20 农作物耐淹水深和耐淹历时

作物种类	生育期	耐淹水深(cm)	耐淹历时(d)
棉花	开花结铃期	5~10	1~2
玉米	苗期至拔节期 抽穗期 孕穗灌浆期 成熟期	2~5 8~12 8~12 10~15	1.0~1.5 1.0~1.5 1.5~2.0 2~3
甘薯	全生育期	7~10	2~3
春谷	苗期至拔节期 孕穗期 成熟期	3~5 5~10 10~15	1~2 1~2 2~3
高粱	苗期 孕穗期 灌浆期 成熟期	3~5 10~15 15~20 15~20	2~3 5~7 6~10 10~20
大豆	苗期 开花期	3~5 7~10	2~3 2~3
小麦	拔节至成熟期	5~10	1~2
水稻	返青期 分蘖期 拔节期 孕穗期 成熟期	3~5 6~10 15~25 20~25 30~35	1~2 2~3 4~6 4~6 4~6

表 4.21 几种主要农作物不同生育期的耐渍深度

作物	生育期	耐渍深度(m)
小麦	播种至出苗 返青至分蘖 拔节至成熟	0.5 0.5~0.8 1.0~1.2
棉花	幼苗 现蕾 花铃至叶絮	0.6~0.8 1.2~1.5 1.5
玉米	幼苗 拔节至成熟	0.5~0.6 1.0~1.3
水稻	晒田	0.4~0.6

（2）雨涝指标

降水是造成渍涝的主要因素,姜爱军等（2000）对长江中下游地区雨涝灾害对农业的影响进行了分析,采用降水距平为雨涝指标（I）：

$$I = 1/m \sum_{i=4}^{10} \Delta R_i \tag{4.13}$$

式中,ΔR_i 为 4—10 月降水量距平百分率≥50％月份的降水量距平百分率,m 为月降水量距平百分率≥50％的月份数。

（3）作物渍涝指标

中国气象局政策法规司（2009）选取降水量、降水日数、日照时数为冬小麦、油菜涝渍的致灾因子。综合考虑降水量、雨日和日照的作用,构建了冬小麦、油菜涝渍指数（Q_w）：

$$Q_w = a_1 \frac{R}{R_{max}} + a_2 \frac{R_d}{D} - a_3 \frac{S}{S_{max}} \tag{4.14}$$

式中,Q_w 为涝渍指数;R 为旬降水量,单位:mm;R_{max} 为多年旬最大降水量,单位:mm;R_d 为旬降水日数,单位:d;D 为旬天数,单位:d;S 为旬日照时数,单位:h;S_{max} 为旬可能日照时数,单位:h。a_1、a_2、a_3 分别为降水量、雨日、日照时数对涝渍灾害形成的影响系数。以此为基础,制定了冬小麦、油菜渍涝灾害等级指标（表 4.22）。

表 4.22　冬小麦、油菜渍涝灾害等级指标

作物种类	生育期	发生时间	致灾等级		
			轻度	中度	重度
冬小麦	播种期	10 月	2 旬平均 Q_w≥0.8	2 旬平均 Q_w≥1.0	—
	冬前苗期	11—12 月	3 旬平均 Q_w≥0.7	—	—
	越冬期	1—2 月	连续 2 旬 Q_w≥1.0	—	—
	拔节期	3 月	连续 2 旬 Q_w≥0.8,其中有 1 旬 Q_w≥1.0	连续 2 旬 Q_w≥1.1,其中有 1 旬 Q_w≥1.3	—
	孕穗期	4 月上旬至中旬	连续 2 旬≥0.8,其中有 1 旬 Q_w≥1.0	连续 2 旬 Q_w≥0.9,其中有 1 旬 Q_w≥1.2	连续 2 旬 Q_w≥1.2,其中有 1 旬 Q_w≥1.4
	抽穗灌浆期	4 月下旬至 5 月中旬	连续 2 旬 Q_w≥0.8 或 1 旬 Q_w≥1.0	2 旬平均 Q_w≥1.0,其中有 1 旬 Q_w≥1.2	2 旬平均 Q_w≥1.2,其中有 1 旬 Q_w≥1.4
油菜	播种期	10 月	2 旬平均 Q_w≥0.8	2 旬平均 Q_w≥0.9	—
	冬前苗期	11—12 月	2 旬平均 Q_w≥0.9	—	—
	越冬期	1 月至 2 月上旬	2 旬平均 Q_w≥0.9	—	—
	抽薹期	3 月中旬至下旬	旬 Q_w≥1.0	旬 Q_w≥1.2	—
	开花期	3 月	2 旬平均 Q_w≥0.9	2 旬平均 Q_w≥1.2	2 旬平均 Q_w≥1.4
	灌浆期	4 月至 5 月上旬	2 旬平均 Q_w≥0.8	2 旬平均 Q_w≥1.0	2 旬平均 Q_w≥1.3

4.4　温度类农业气象灾害

温度与农业生产的关系非常密切,它是植物生长发育过程中的重要环境因子之一。温度的任何异常,都会影响作物生长发育和产量形成、水和营养资源的利用,造成不同程度的灾害发生。由温度异常引起的农业气象灾害有冷害、寒害、冻害、霜冻害、寒露风、高温热害等。

4.4.1　冷害

冷害指农作物生长发育期间,在重要发育阶段的气温比作物要求的偏低(但仍在 0 ℃以上),引起农作物生育期延迟或使生殖器官的生理机能受到损害,从而造成农业减产的灾害。

4.4.1.1　冷害的类型

根据冷害危害特点及受害症状,又可分为:延迟型冷害、障碍型冷害和混合型冷害。a. 延迟型冷害:低温导致作物发育延迟,或开花后持续低温使谷粒不能充分灌浆、成熟,导致减产和品质明显下降。b. 障碍型冷害:作物生殖生长期遇短时间低温,使生殖器官生理机制破坏,造成不育或部分不育,形成空壳和秕粒。主要发生在孕穗期和抽穗开花期。c. 混合型冷害:二者同年发生,比单一类型危害更严重。

按照冷害发生季节可分为:春季低温冷害、夏季低温冷害、秋季低温冷害、热带作物冬季寒害和春末夏初冷雨。

4.4.1.2　冷害的致灾机理

低温冷害的致灾机理大致分为以下几方面:

(1)生理过程受阻

低温导致叶绿体中蛋白质变性,生物酶的活性降低,甚至停止,使根部吸收水分减少而导致气孔关闭,吸氧量不足,抑制光合作用效率。同时,这种现象在植物体内发生则可导致机体的代谢紊乱,最终影响作物的正常生长发育并造成伤害。

(2)呼吸强度降低

水稻生育过程中温度从适宜温度下降 10 ℃,其呼吸作用效率明显降低。低温还使根呼吸作用减弱,导致植株营养物质的吸收率减弱,养分平衡受到破坏。低温影响光合产物和营养元素向生长器官的输送,器官因养分不足和呼吸作用减弱而变得弱小、退化、死亡。

(3)作物生理失调

水稻根部在低温条件下对矿物元素的吸收减少,某些不利于生长的元素在根中的含量不正常地增加,地上部分的含量不正常地减少;低温使碳水化合物从叶片向生长着的器官或根部运转降低,使这些部位的含量降低,造成叶片光合产物的分配失调。

(4)生长受阻

温度越低,持续的时间越长,光合作用速率下降得越明显。此外,由于光合作用的下降导致作物的生长量明显不足,使叶面积明显减小,株高、叶龄、干物重等生长指标降低,并最终使产量下降。

4.4.1.3 冷害的时空分布

(1)春季低温冷害

春季冷空气常入侵长江流域及以南地区,春季冷害主要发生在江南、华南。如长江中下游3月下旬至4月上旬早稻育秧期持续低温阴雨造成烂秧。有时北方棉花、花生、蔬菜区播种后也可能出现持续低温天气发生烂种。

(2)夏季低温冷害

主要发生在东北、西北地区。东北地区主要危害玉米、水稻、大豆,西北主要危害棉花等作物。以延迟型为主,但高海拔高纬度地区水稻也可发生障碍型冷害。1951—1990年东北发生严重的夏季冷害5次,平均减产3成或以上。

(3)秋季低温冷害

主要发生在长江中下游地区。在9月,寒露节气前后,由高纬向低纬、高海拔向低海拔、内陆向沿海推迟的低温天气,可能使晚稻发生障碍型冷害,抽穗扬花受到影响。

(4)热带作物冬季寒害

冬季,华南热带作物区遇到冷空气,使作物生长发育受到影响。此区域和时间段的低温冷害也叫寒害。

(5)冷雨

指冷空气伴随着降雨的天气,常发生在春末夏初的牧区。由于此时牲畜正在脱毛,打湿后可发病甚至死亡,因此冷雨是牧区常见灾害。

4.4.1.4 冷害的指标

(1)早稻春季低温指标

长江中下游低温常常影响早稻播种育秧,而且伴随阴雨天气时,早稻容易造成烂秧。在行业标准《早稻播种育秧期低温阴雨等级》中,日平均气温、持续天数及日照时数结合起来作为早稻低温阴雨的指标,见表4.23。

表 4.23　早稻春季低温阴雨指标

等级	指标		
	日平均气温(℃)	日平均气温持续天数(d)	过程平均日照时数(h)
轻度	<12.0	3～5	<3.0
中度	<12.0	6～9	<3.0
	<10.0	≥3	<3.0
重度	<12.0	≥10	<3.0
	<8.0	≥3	<3.0

(2)东北夏季低温冷害指标

关于东北地区低温冷害指标主要有六大类,它们是生长季温度距平指标、生长季积温指标、生长发育关键期冷积温指标、作物发育期距平指标、热量指数指标和低温冷害综合指标。

5—9月的月平均气温和($T_{5～9}$)的距平($\Delta T_{5～9}$)可以表征作物生长季每年的气候差异,被广泛用于东北作物延迟型冷害的判断,这个指标的意义被普遍认可。

在《水稻冷害评估技术规范》(QX/T 182—2013)和《玉米冷害评估技术规范》

(QX/T167—2012)中,细化了相应的冷害等级指标,将冷害的等级由 2 级细化为 3 级。

在作物某个发育期内,用低于某个生育期三基点温度中下限温度的某个平均气温或最低气温来表征某个发育期的冷害指标,是一种常见的冷害指标类型。东北水稻在生殖生长期内常遭遇障碍型冷害,导致水稻授粉结实受阻。《水稻、玉米低温冷害等级》中水稻障碍型冷害的指标如表 4.24 所示。

播种(或出苗)至某一生育期的总积温也可以作为冷害的一个指标,结合灾害出现的风险概率,分别利用其作为水稻和玉米不同发育阶段的指标。

近些年,热量指数指标越来越多地用于冷害的监测和预报,热量指数可充分反映作物在不同时期对热量需求,计算方法如式(4.13)所示:

表 4.24　水稻障碍型冷害指标

发育时段	致灾因子	致灾等级			适用地区
		轻度	中度	重度	
孕穗期	粳稻日最低气温≤15 ℃的持续天数	2 d	3～4 d	≥5 d	长江流域及其以南地区
	籼稻日最低气温≤15 ℃的持续天数				
双季晚稻抽穗开花期	粳稻日最低气温≤15 ℃的持续天数	3～4 d	5～6 d	≥7 d	
	籼稻日最低气温≤15 ℃的持续天数				
孕穗期	日平均气温≤17 ℃的持续天数	2 d	3～4 d	≥5 d	长江流域(不含)以北地区
抽穗开花期间	日平均气温≤19 ℃的持续天数	2 d	3～4 d	≥5 d	

$$F(T) = 100 \times [(T-T_1)(T_2-T)^B] / [(T_0-T_1)(T_2-T_0)^B] \tag{4.13}$$

式中,$F(T)$ 为热量指数,T 为某旬的气温;T_0、T_1、T_2 分别为该时段内作物生长发育的适宜温度、下限温度、上限温度,且当 $T \leq T_1$ 时,$F(T)=0$。这样 $F(T)$ 偏小的年份代表了偏冷年份。式(4.13)中 B 的计算方法见式(4.14):

$$B = (T_2-T_0)/(T_0-T_1) \tag{4.14}$$

式中,T_0、T_1、T_2 的含义同式(4.13)。

郭建平等(1999)用热量指数作为玉米低温冷害的监测和预警指标,并通过试验确定了东北玉米的低温冷害热量指数指标(表 4.25)。

表 4.25　东北玉米低温冷害热量指数指标

	辽宁	黑龙江	吉林	东北全区
低温年	≤89.08	≤63.14	≤74.36	≤75.21

4.4.2　寒害

寒害是华南地区热带、亚热带作物在冬季生育期间,常受强冷空气和寒潮的影响,出现一个或多个低温天气过程(一般在 0～10 ℃),造成植物生理机能障碍,导致减产或死亡的农业气象灾害。

4.4.2.1　寒害的类型

依天气特点分为辐射型与平流型两类。辐射型:寒潮冷锋过境后,在冷高压控制下的晴朗、静风夜晚因辐射降温而造成;平流型:由于冷平流强且持续时间长、气温低、风速大而造成。

4.4.2.2 寒害的致灾机理

寒害的发生与饱和脂肪酸相变有关,症状类似冻害。在低温程度较轻、时间也较短的情况下,寒害会降低细胞原生质的生活力,阻滞作物生长。当气温降至 10～12 ℃时,细胞原生质就由易变形的液晶体变为凝固胶体,原生质膜的脂肪凝固,细胞活性显著减弱。而当气温降低到 3～5 ℃时,作物体内各种生理机能就会发生障碍,逐渐演变为伤害。低温使作物根系的细胞原生质的黏度增大,吸收机能衰退。寒害使作物形成叶绿素受抑制,光合作用降低;使木本植物形成层遭破坏,物质的运输阻塞。寒害还使作物正常的生化过程遭到破坏,包括破坏酶促作用的平衡及造成原生质膜的凝固。

4.4.2.3 寒害的时空分布

寒害主要发生在广东、广西、福建南部和海南的热带作物区。20 世纪 60 年代、70 年代华南寒害较强,80 年代减弱,90 年代有所回升。其中 1975 年、1991 年、1993 年和 1999 年华南地区相继发生了大范围的严重寒害,给当地热带作物生长发育造成严重影响。21 世纪以来,寒害虽然比 20 世纪 90 年代有所减弱,但局地性寒害年际间常有发生。

近年来,随着高产、高效、高附加值冬季作物的快速发展,华南地区冬季农业占整个农业经济的比例不断增大,耐寒性较差的热带、亚热带果树、蔬菜和作物的比例明显增加,对寒害的敏感性加大。

4.4.2.4 寒害的指标

不同作物对低温的耐受性不同,寒害指标有所不同。大量观测和试验资料显示,香蕉抗寒能力远低于荔枝、龙眼等果树,一些热带作物抗寒能力最低。荔枝、龙眼寒害指标如表 4.26 所示;香蕉(大株)寒害指标如表 4.27 所示;主要热带作物寒害指标如表 4.28 所示。

表 4.26 荔枝、龙眼寒害指标

寒害级别	气象指标最低温度(℃)	树冠及茎秆受害情况	花絮受害情况
0	＞5.0	树冠和茎秆均不受害	无受害
1	1.0～5.0	树冠受害干枯＜1/3,或主干受害干枯宽度＜1/3	干枯＜1/3
2	−2.0～1.0	树冠受害干枯 1/3～2/3,或主干受害干枯宽度 1/3～1/2	干枯 1/3～1/2
3	−4.0～−2.0	树冠受害干枯＞2/3,或主干受害干枯宽度 1/2～2/3	干枯 1/2～2/3
4	−5.0～−4.0	树冠受害全部干枯,或主干受害干枯宽度＞2/3	全部干枯
5	＜−5.0	接穗以上部分全部受害干枯	

表 4.27 香蕉(大株)寒害指标

级别	最低温度(℃)	受害程度
0	＞5.0	全株无寒害
1	2.5～5.0	叶尖、叶边干枯＜1/2
2	0.0～2.5	全株叶片干枯
3	−1.0～0.0	地上部分枯死
4	＜−1.0	全株枯死

表 4.28　主要热带作物寒害指标(最低温度)　　　　　　　单位:℃

	腰果	可可	胡椒	油棕	橡胶	剑麻	椰子	咖啡
轻微寒害	15	10	10	10	10	10	8	2
严重寒害	4	5	3	2	0	0	2	−1

不同寒害类型,影响因子略有不同。在辐射寒害为主的情况下,极端最低温度是最主要的影响因子,而在平流寒害为主的情况下,低温的程度和持续时间则为最主要的影响因子。在一般情况下,有寒潮亦有寒害,但有寒害不一定都伴有寒潮。不伴有寒潮的寒害,多为几股中弱冷空气多次补充导致阶梯式累积降温而出现的持续低温,受灾则更为严重。因此,不能简单套用寒潮指标作为寒害标准。当冷空气过程中极端最低气温<5 ℃时,华南地区一般都会出现不同程度的寒害。寒害过程的极端最低气温、最大降温幅度、持续日数和有害积寒对寒害强度均有很好的指示意义,可表示为寒害的致灾因子。例如,香蕉、荔枝寒害的临界温度为5.0 ℃,根据寒害的临界温度,可定义其寒害过程为:当最低气温≤5.0 ℃时,为寒害过程开始,当最低气温>5.0 ℃时,为寒害过程结束。期间出现的日最低气温≤5.0 ℃的天数,称为该次寒害过程的持续日数。

有害积寒是指寒害过程中逐时低于临界受害温度的累积量。一日内的有害积寒可由式(4.15)计算(杜尧东 等,2006):

$$X_日 = \int_{t_1}^{t_2} (T_C - T(t)) \mathrm{d}t \qquad (T(t) \leqslant T_C) \tag{4.15}$$

式中,$X_日$ 为一日内的有害积寒,单位:℃·d;T_C 为作物寒害的临界温度($T_C=5$ ℃);$T(t)$ 为瞬时温度,单位:℃;t_1、t_2 分别为一日中低于寒害临界温度的起始、终止时刻。

对于有逐时气温观测资料的气象台站,可将式(4.15)离散化,则一日内的有害积寒可由式(4.16)计算:

$$X_日 = \sum_{i=t_1}^{t_2} (T_C - T_i) \tag{4.16}$$

式中,T_i 为逐时温度,单位:℃;其他意义同前。

4.4.3　冻害

冻害一般指越冬作物、果树林木及牲畜在越冬期间因遇到 0 ℃以下(或剧烈变温)的低温,使植物体内结冰或丧失生理活动,造成植株死亡或部分死亡,引起牲畜疾病死亡的现象。冻害发生与否,与天气寒冷程度、降温幅度以及作物所处的发育阶段都有密切的关系。

4.4.3.1　冻害的类型

越冬农作物的冻害从成因上讲可以分为入冬剧烈降温型、冬季长寒型、冬前生长过旺型、旱冻交加型、初春融冻型、综合型等。入冬剧烈降温型是指在初冬,气温较高的情况下,突然降温至 0 ℃以下,使越冬作物幼苗因抗寒锻炼不足而受冻。冬季长寒型指在冬季,气温持续明显偏低,导致作物的地上部严重枯萎甚至成片死苗。冬前生长过旺型指冬前作物叶长株高,旺而不壮,作物体内积累与贮存的糖分少,抗寒性降低,因此在冬季遇到低温受到的冻害。旱冻交加型是指冬季降水偏少,作物因受旱植株含水量较低,抗寒性较差,遇冷空气会遭受冻害,而冻害过后气温又陡然升高,使蒸腾加速,加速了作物的生理性干旱,导致作物死亡。初春融冻型指进入越冬期的作物因春季气温回升恢复生长,抗寒力下降,又遇到强降温造成的冻害。

4.4.3.2 冻害的致灾机理

植物细胞通常在降温时原生质浓缩保持过冷却状态,一旦原生质结冰,细胞立即死亡。但有时原生质并未结冰,细胞也可能因胞间冰晶机械损伤或过度浓缩受毒害而死亡。冻害危害作物的机理是由于突然降温使植株体温下降到0℃以下,细胞间隙的水结冰,如温度继续降低,细胞内也开始结冰,造成细胞脱水凝固而死。除低温强度外,冻害的发生与否还与降温速率、冻后复温速率、变温幅度、冻后脱水程度及植物抗寒锻炼等有关。

4.4.3.3 冻害的时空分布

冻害一般发生在冬季。我国冻害比世界同纬度地区更重,导致越冬作物和多年生喜温作物分布北界明显偏低。如柑橘,欧洲可在40°N种植,我国江南在28°N以南种植才较安全。冻害可造成植株死亡,冻伤株长势衰弱也能导致减产。牧区牲畜冬季常发生受冻死亡,农区猪仔对低温也十分敏感。

冬小麦冻害严重地区有华北、黄土高原和新疆北部,其次是黄淮平原和新疆南部。油菜以华北南部和黄淮平原为严重。大白菜砍菜期冻害在东北、华北都较重。蔬菜越冬冻害长江流域最严重。柑橘冻害以江南丘陵冷空气易进难出地段最严重。苹果等北方果树以长城沿线较重。

4.4.3.4 冻害的指标

冻害的监测指标与作物的特点有关,对于不同作物和同种作物不同类型的冻害具有不同的指标。在植物学因子相同的条件下,低温强度和低温持续时间是决定冻害是否发生及冻害程度轻重的关键因子之一,常用最低温度、负积温、最冷月平均温度等作为反映寒冷强度的指标。

(1)冬小麦冻害指标

冬小麦在其生长发育过程中需要经历严寒的冬季的春化阶段,因此易遭受冻害,其冻害大致可分为4种类型:

入冬剧烈降温型:小麦越冬前突遇气温骤降天气,苗质弱、整地差、土壤空隙大及缺墒的麦田会受冻害。播种过早或因前期气温高而生长过旺的小麦更易受害。

冬季长寒型:冬季有两个月以上平均气温偏低2℃或以上,并多次出现强寒潮天气时,会导致小麦地上部分严重枯萎甚至成片死苗。冬前积温少,麦苗弱或秋冬土壤干旱的年份受害更重。

旱冻交加型:指麦田土壤水分不足,出现干旱,土壤与小麦分蘖节接触不紧密,出现大幅度降温或持续低温时就会造成严重冻害。

冻融交替型:在气温起伏变化、土壤反复融冻的情况下,表层土壤连同植株一起被抬出地面,产生"冻拔"现象,造成冻害。例如,小麦越冬后出现回暖天气,土壤解冻,幼苗恢复生长,抗寒性减弱。暖期过后,若遇大幅度降温,会发生较严重的冻害。在早春回暖解冻、麦苗开始萌动时,由于抗寒力较弱,气温波动起伏较大时也会出现冻融交替型冻害。冻害的外部症状是叶片干枯严重,先枯叶后死蘖。

在冬小麦冻害监测中,需根据不同类型的冻害特点选择不同的监测要素指标,如表4.29所示。

表4.29 不同类型冬小麦冻害监测指标(代立芹 等,2008)

冻害类型	冻害指标
入冬剧烈降温型	(a)第一、二阶段抗寒锻炼天数;(b)冬前稳定通过0 ℃即停止生长期前后的日平均气温下降幅度;(c)此次降温过程后的极端最低气温
冬季长寒型	(a)越冬期负积温;(b)越冬期间极端最低气温,此时有无积雪及其厚度;(c)平均气温0 ℃以下天数;(d)最低气温−10 ℃以下出现天数
旱冻交加型	(a)冻前耕层土壤水分含量;(b)干土层厚度;(c)越冬期间降水量及积雪覆盖时期
早春融冻型	(a)日平均气温滑动通过0 ℃以后是否出现−5 ℃以下的极端最低气温;(b)日平均气温滑动通过3 ℃以后是否出现−3 ℃以下的极端最低气温;(c)日平均气温滑动通过5 ℃以后是否出现−2 ℃以下的极端最低气温

冬小麦因其品种的差异所能忍受的低温程度不一,冬性品种越冬期的冻害指标一般为−14～−16 ℃,弱冬性品种一般为−12～−14 ℃,半冬性品种一般为−10～−12 ℃。冬小麦萌动后,抗寒性明显减弱,冬性强的品种分蘖节处最低温度为−4～−6 ℃、冬性弱的品种分蘖节处最低温度为−3 ℃时就会受冻。

分蘖节处的温度与农田积雪等关系密切,在冬季冻害监测时是一项重要指标,表4.30显示了新疆冬麦区冻害与积雪和最低气温的关系。

表4.30 新疆冬小麦冬季冻害指标

冻害程度	最低气温(℃)	−23～−26	−27～−30	<−30
无或轻微		>3	>5	>8
中度	积雪厚度(cm)	≤3	3～5	5～8
严重		无积雪	<3	<5

(2)油菜冻害指标

油菜各生育阶段受到不同程度低温的影响,发生冻害的程度不同。常见有4种类型:一是持续低温干旱,加上大风、土壤冰冻、蒸发量大,油菜叶片、根系受冻死亡。二是持续低温湿冻,土壤水分过多,土层结冰,致根部外露受冻,造成大量缺株。三是叶片、薹茎受冻,叶片萎缩枯萎,薹茎破裂或萎缩下垂。四是花期遇有低温霜冻,造成花蕾受冻后黄枯脱落,整个花序出现分段结荚。

油菜苗期冻害主要危害其叶片,当气温下降至−4～−3 ℃时,叶部冻害就可能发生。温度越低冻害越重。在偏施氮肥、冬前徒长、植株叶片组织柔嫩时较易发生冻害。当气温日较差大、最低气温下降至−5 ℃以下时,土壤夜间结冰,造成油菜根拔,产生冻融型冻害。

油菜进入蕾薹期后,抗寒能力减弱,遇到0 ℃以下低温就会遭受冻害。抽薹开花期对低温敏感。气温至0 ℃或以下发生冻害,易导致花朵大量脱落,并出现分段结荚现象。

(3)果树冻害指标

温带和亚热带果树在冬季遭受0 ℃以下较强的低温就会遭受冻害。主要表现在果树根、树脚(根茎)、树干、枝、叶、花、果等部位受到伤害;当温度超过果树所能忍受的低温界限和冷冻持续时间时,树体内部就会结冰,造成冻害发生。轻则枝叶冻伤,小枝枯死,减少产量;重则导致枝干皮裂或整株树死亡。

温带落叶果树成龄树发生冻害的临界低温:苹果为 $-40\sim-30$ ℃,葡萄为 $-20\sim$ -16 ℃,梨为 $-25\sim-20$ ℃,柿为 $-20\sim-18$ ℃,桃为 $-25\sim-23$ ℃。亚热带果树柑橘类中宽皮橘树临界冻害指标最低温度为 -9 ℃,甜橙为 -7 ℃,柠檬和柚子为 -5 ℃。此外,同一树种的不同品种抗冻能力也有很大差别;低温的强弱和低温持续时间的长短是决定冻害是否发生与冻害程度重轻的关键因子,同一低温强度对不同树龄、不同长势、不同结果状况、不同晚秋(冬)梢抽发量的果树造成的冻害程度不一。同一低温强度,低温出现的时间越早,冻害越重;同一低温强度下,如果前期干旱,则冻害加重。

荔枝、龙眼等热带作物耐寒性差,最低气温降至 0 ℃时可使幼苗受冻,$-1.0\sim-0.5$ ℃时成龄树则表现不同程度的冻害,达 -4 ℃时部分树会地上部分整株死亡,如表 4.31 所示。

表 4.31　热带亚热带果树日最低温度冻害指标(夏丽花 等,2007)　　　单位:℃

	轻度冻害	中度冻害	重度冻害	严重冻害
香蕉、菠萝、芒果	≤5	≤3	≤1	≤-1
龙眼、荔枝、橄榄	≤3	≤1	≤-1	≤-3
甜橙、柚	≤-3	≤-5	≤-7	≤-9
宽皮橘、杨梅	≤-5	≤-7	≤-9	≤-11
金橘、梅	≤-7	≤-9	≤-11	≤-13

4.4.4　霜冻

霜冻是指在温暖季节里,土壤表面或植物表面的温度下降到植物组织冰点以下的低温而使体内组织冻结产生的短时间低温冻害。空气湿润,冷空气入侵,常在地面物体上产生白色冰晶,称为“白霜”。当空气中水汽含量很少、霜冻出现时,水汽不饱和,就没有霜出现,这种没有霜的霜冻也称为“黑霜”。白霜形成时,水汽凝结而放出热量,所以“黑霜”的实际危害通常要比“白霜”更大。

有时气温或地面温度并未降到零度以下,但只要植物表面降到了零下,仍然可能造成伤害。一般在最低气温 $4\sim5$ ℃植物表面就可能发生霜冻,空气和地表特别干燥、夜空特别晴朗又完全静风时,最低气温与地面最低温度可相差 $7\sim10$ ℃。

4.4.4.1　霜冻的类型

根据霜冻发生的时期,可分为早霜冻和晚霜冻。a.早霜冻。秋天温暖季节向寒冷季节过渡期间发生的霜冻。第一次早霜冻叫作初霜冻。b.晚霜冻。春天寒冷季节向温暖季节过渡期间发生的霜冻。最后一次晚霜冻叫作终霜冻。

根据霜冻发生的天气条件可以分为下面 3 种:

(1)平流型霜冻

强冷平流引起剧烈降温而发生的霜冻。常表现为西伯利亚冷空气暴发南下,冷锋过后偏北风很大,傍晚或阴云密布的夜间使叶温降到 0 ℃以下,又称“风霜”。危害范围较大。又因风的强烈扰动,不同地块差异不显著。

(2)辐射型霜冻

晴朗无风夜间植物表面强烈辐射散热引起的霜冻。一般在冷性高气压控制下,空气比较干燥,夜间天晴风静,日出前叶温降到 0 ℃以下,又称“静霜”或“晴霜”。不同地块甚至同一植株不同部位的霜冻强度有明显差异。

（3）平流辐射霜冻

冷平流和辐射冷却共同作用下发生。通常先有冷空气侵入明显降温,夜间转晴风速减小,辐射散热强,植株体温进一步降低而发生霜冻,影响范围大、危害重。

4.4.4.2 霜冻的致灾机理

霜冻与冻害都是指在作物生长期内遇到零下低温而受到的危害,均与细胞结冰及膜相变有关。但危害机制不同,霜冻发生后会引起植物体细胞内结冰,而冻害会导致细胞间结冰。

霜冻与冻害有时并无严格界限,比如耐寒越冬作物在早春抗寒锻炼大部解除之后发生的零下低温危害,有时会晚霜冻灾害,有时也可称为冻害。

4.4.4.3 霜冻的时空分布

纬度和海拔越高,春霜冻结束越迟,秋霜冻开始越早。长城以北春霜冻 4 月中旬到 5 月中下旬结束,秋霜冻 9 月上旬至 10 月上旬开始,无霜期不到 180 d。黄淮流域无霜期为 180～250 d。长江流域无霜期为 250～300 d。华南无明显霜期。

近 50 年全国平均初霜冻日期呈推迟变化趋势,终霜冻日期呈提早变化趋势,无霜冻期呈延长变化趋势;其中初霜冻推迟趋势为 2.4 d/10a。20 世纪 60—80 年代全国平均初霜冻日期变化不大,但 20 世纪 90 年代之后初霜冻日期明显推迟;其中 21 世纪以来全国平均初霜冻日期比 20 世纪 80 年代推迟 5 d。20 世纪 60—70 年代全国平均终霜冻出现日期变化不大,但从 20 世纪 80 年代起全国平均终霜冻日期出现明显提早的变化趋势,其中 21 世纪以来全国平均终霜冻日比 20 世纪 70 年代提早 9 d。由此,20 世纪 60—70 年代全国平均无霜冻期变化不大,80 年代至今无霜冻期呈显著增加趋势。

东北地区如果初霜冻出现的时间早于水稻、玉米和大豆等作物完全成熟之前,会造成作物灌浆不充分、最终导致产量的下降。农业种植部门的多年经验认为,在东北地区初霜冻日期异常年份里,平均偏早 1 d 可以造成水稻减产 5 万 t。近 50 年,无论从整个东北地区还是分省区来看,初霜冻日期均呈现较明显的偏晚趋势,整体偏晚趋势为 1.6 d/10a,平均初霜日延后 7～9 d,无霜期延长了 14～21 d。黑龙江省初霜冻出现日期偏晚的趋势为 1.3 d/10a,平均推迟了 7.2 d;吉林省初霜冻出现日期偏晚的趋势为 1.9 d/10a,平均推迟了 8.7 d;辽宁省初霜冻出现日期偏晚的趋势为 2.1 d/10a;内蒙古东北部为 1.2 d/10a。

北方冬麦区终霜冻出现偏晚且正值冬小麦拔节、孕穗期,会对小麦穗发育造成较重影响并最终影响产量。研究表明,北方冬麦区终霜冻日期呈提前趋势,其气候倾向率为 2.3 d/10a;终霜冻日期自 20 世纪 90 年代初期以后明显提前,特别是在 21 世纪初期这种提前趋势更加显著。终霜冻日期变化的突变点为 1991 年,突变前终霜冻日期比多年平均偏晚约 2 d;突变后终霜冻日期比多年平均偏早 3.8 d,20 世纪 90 年代后终霜冻日期提前的气候倾向率为 4.9 d/10a。

4.4.4.4 霜冻的指标

霜冻的监测指标主要有作物受冻后的外在症状以及霜冻灾害的气温指标两类。陶祖文等(1962)结合霜冻害观测资料,根据冻害症状,把冬小麦拔节期遭受的霜冻害分成 3 级:未受霜冻害、轻霜冻害和重霜冻害。龚绍先等(1982)通过冻害模拟研究了低温水平及低温持续时间与棉花冻害程度的关系。王荣栋(1983)根据新疆小麦冻害外部特征把冻害分成 4 个等级:未受霜冻害:部分叶尖冻死,分蘖节完好;轻霜冻害:叶片总面积 1/2 以上冻死,分蘖节完好;重霜冻害:叶片或叶鞘大部或全部冻死,分蘖节冻伤;致死霜冻害:叶片或叶鞘大部或全部冻死,分蘖节冻死。再根据冻害程度及抽样调查的数据,计算综合冻害指数式(4.17):

$$I = 100 \times \sum_{i=1}^{max} (n_i \times T_i)/(N \times T_{max}) \tag{4.17}$$

式中,I 为综合冻害指数,n_i 为霜冻害 i 级样本数,T_i 为霜冻害级数,N 为调查总样本,T_{max} 为霜冻害最高等级。

刘静(1995)采用田间试验和同期气象观测的方法,对宁夏棉花苗期的子叶期、后期冻害指标进行了研究。棉花春、秋霜冻的指标相同,轻霜冻指标为日最低气温 2.0 ℃,重霜冻指标为 0 ℃。

冯玉香等(2000)通过历年冬小麦拔节后霜冻害资料,发现霜冻害发生情况与最低气温并不密切,但与植株体叶温关系较为密切,通过霜冻试验,模拟出植株累积结冰株率(I)与最低叶温的关系:

$$I = 100/[1+0.5848932e^{-k(-2.6-T_{叶})}]^{10} \tag{4.18}$$

式中,$k=0.6767468$,表示 I 增加速率的参数。进一步的试验表明在拔节 1~4 d 后,叶片受伤害临界最低叶温约是 −6.4 ℃,叶片临界霜冻害温度随拔节天数的变化是:

$$T_{叶伤} = -6.5 + 0.05N \quad (N \leqslant 10) \tag{4.19}$$

$$T_{叶伤} = -7.5 + 0.15N \quad (N > 10) \tag{4.20}$$

张晓煜等(2001)在盆栽小麦霜冻模拟试验基础上,以宁夏小麦三叶期叶片冻伤率 0%~30%、31%~50%和 51%~100%分别作为小麦轻、中、重度霜冻的判别标准,气温指标分别为 −2.8 ℃、−3.3 ℃和 −7.0 ℃。张雪芬等(2006)使用 AHVRR 气象卫星遥感资料,反演地面温度,结合地基资料,利用反演的地面最低温度、冻害统计指标及小麦发育期资料,确定了霜冻害气象指标,河南冬小麦拔节期天数、最低气温、最低地温与冻害程度指标。中国气象局政策法规司(2008c)根据有关研究成果,对小麦不同发育阶段的霜冻害指标进行了归纳。

根据日最低气温下降的幅度、植物遭受霜冻害后受害、减产的程度,将霜冻害分为轻霜冻害、中霜冻害和严重霜冻害 3 级(中国气象局政策法规司,2008a)。轻霜冻害:气温下降比较明显,日最低气温比较低;植株顶部、叶尖或少部分叶片受冻,部分受冻部位可以恢复;受害株率应小于 30%;粮食作物减产幅度在 5%以内。中霜冻害:气温下降很明显,日最低气温很低;植株上半部叶片大部分受冻,且不能恢复;幼苗部分被冻死;受害株率应在 30%~70%;粮食作物减产幅度在 5%~15%。重霜冻害:气温下降特别明显,日最低气温特别低;植株冠层大部叶片受冻死亡或作物幼苗大部被冻死;作物受害株率大于 70%;粮食作物减产幅度在 15%以上。

各种作物对低温的抵抗力不同,即使是同一作物在各个发育阶段的抗寒能力也不相同。该标准分别提出了主要粮食作物不同发育阶段的霜冻害温度指标(表 4.32),以及主要经济作物、蔬菜和果树的霜冻害温度指标(略)。麦类、豆类、油料作物抗寒能力较强,高粱、玉米、马铃薯抗寒力较弱,棉花、甘薯、瓜类等喜温作物抗寒力最差。春小麦比较抗寒;玉米受害是苗期和乳熟期,临界温度分别是 −3~−1 ℃;棉花受害是苗期和乳熟期,临界温度分别是 −1~0 ℃;葡萄受害是花芽期和花期,临界温度分别是 −1~0 ℃;苹果受害是花蕾期和幼果期,临界温度分别是 −3~−1 ℃;桃杏受害是花蕾期和开花期,临界温度分别是 −2~4 ℃。小麦拔节前比拔节后耐冻,棉花苗期比后期怕冻,各种作物在生殖器官形成期及开花期对低温最为敏感,有较轻微的和短暂的霜冻(0~2 ℃)即受害,李子、苹果和梨树开花期不能忍受 −3 ℃低温。

表 4.32　主要粮食作物霜冻害温度指标(日最低气温)(中国气象局政策法规司,2008a)　单位:℃

作物名称	轻霜冻 苗期、开花期、乳熟期		中霜冻 苗期、开花期、乳熟期		重霜冻 苗期、开花期、乳熟期	
玉米	−2.0～−1.0　−1.0～0.0 −2.0～−1.0		−3.0～−2.0　−2.0～−1.0 −3.0～−2.0		−4.0～−3.0　−3.0～−2.0 −4.0～−3.0	
高粱	−2.0～−1.0　−1.0～0.0 −3.0～−1.0		−3.0～−2.0　−2.0～−1.0 −3.0～−2.0		−4.0～−3.0　−3.0～−2.0 −4.0～−3.0	
冬小麦	−8.0～−7.0　−1.0～0.0 −2.0～−1.0		−9.0～−8.0　−2.0～−1.0 −3.0～−2.0		−10.0～−9.0　−3.0～−2.0 −4.0～−3.0	
春小麦	−4.0～−3.0　−2.0～−1.0 −3.0～−2.0		−5.0～−4.0　−3.0～−2.0 −4.0～−3.0		−6.0～−5.0　−4.0～−3.0 −5.0～−4.0	
谷子	−2.0～−1.0　−1.0～0.0 −1.0～0.0		−3.0～−2.0　−2.0～−1.0 −2.0～−1.0		−4.0～−3.0　−3.0～−2.0 −3.0～−2.0	
水稻	−0.5～0.0　−0.5～0.0 −0.5～0.0		−1.0～−0.5　−1.0～−0.5 −1.0～−0.5		−3.0～−2.0　−2.0～−1.0 −2.0～−1.0	
马铃薯	−2.0～−1.0　−1.0～−0.5		−3.0～−2.0　−2.0～−1.0		−4.0～−3.0　−3.0～−2.0	
大豆	−2.0～−1.0　−1.0～0.0 0.0～0.5		−3.0～−2.0　−2.0～−1.0 −1.0～0.0		−4.0～−3.0　−3.0～−2.0 −2.0～−1.0	
燕麦	−7.0～−6.0　−1.0～0.0 −2.0～−1.0		−8.0～−7.0　−2.0～−1.0 −3.0～−2.0		−9.0～−8.0　−3.0～−2.0 −4.0～−3.0	
荞麦	−1.0～0.0　−1.0～0.0 −1.0～0.0		−2.0～−1.0　−2.0～−1.0 −2.0～−1.0		−3.0～−2.0　−3.0～−2.0 −3.0～−2.0	

庞庭颐(2000)通过 1999 年广西严重霜冻害过程不同地点果树的受害状况,分析出荔枝、龙眼、芒果的霜冻指标(表 4.33)。

表 4.33　部分热带水果的霜冻害指标分级

受害程度等级	1	2	3	4
荔枝、龙眼、芒果霜冻形态指标	晚秋梢或冬梢叶片受害,树冠叶片受害率为<10%	树冠叶片受害率为10%～50%	树冠叶片受害率为51%～80%	树冠叶片受害率为81%～100%,主枝枯,或主干裂皮
荔枝、龙眼霜冻低温指标	−1.5～−0.1	−2.0～−1.6	−3.0～−2.1	−4.0～−3.1
芒果霜冻低温指标	−1.0～−0.1	−1.5～−1.1	−2.5～−1.6	−3.5～−2.6
香蕉大蕉株霜冻形态指标	轻,老叶边缘 1～2 cm 冻死,嫩叶有块状冻死	中,老叶冻死,嫩叶边缘 2～4 cm 冻死	重,除心叶外,叶片全被冻死	
香蕉霜冻低温指标	1.1～4.0	0.1～1.0	−1.0～0.0	

4.4.5 寒露风

寒露风是寒露节气前后(9月1日至10月10日),因冷空气入侵或台风与冷空气共同影响,造成双季晚稻孕穗、抽穗扬花受阻,导致空壳率增加、产量下降的低温冷害天气。

寒露风是晚稻后期生长的天敌,一次稍强的寒露风,可造成10%~20%的空瘪率。它虽不像台风、暴雨那样危害明显,但一次寒露风过程可影响数百万亩,甚至上千万亩的稻田,总的损失是相当惊人的。

4.4.5.1 寒露风的类型

寒露风天气主要有干型、湿型两种类型。干型寒露风是受冷空气南下影响,气温下降,伴有3~4级或以上偏北风,其天气特点是日平均气温较低,天气晴朗,日较差大,白天气温高,夜间气温低,相对湿度小。湿型寒露风是受冷空气和暖湿气流(包括热带气旋)共同影响,形成湿冷连阴雨的不利天气,其特点是低温多雨,光照不足,气温日较差小,相对湿度大。

4.4.5.2 寒露风的致灾机理

寒露风主要影响水稻开花、授粉、受精和灌浆过程的正常进行,造成稻谷的秕粒率增加,稻穗轻,翘起,俗称"翘穗头"。对晚稻的影响在形态上主要表现在3个方面:一是影响抽穗的速度,使抽穗缓慢,甚至穗子不能完全抽出来。二是影响颖花的开花授粉受精,形成空瘪粒。三是影响稻粒正常灌浆发育,形成瘪粒。

4.4.5.3 寒露风的时空分布

寒露风主要发生在江南、华南地区的秋季。进入秋季后,极地冷空气渐渐活跃,并向南扩展。因此,秋季低温一般自北向南、自东向西影响。寒露风可能出现的日期:江淮流域一般在9月下旬前期,长江沿江地区一般在9月下旬中后期,华南地区将推迟到10月。秋季低温初日的年际变化相差很大。寒露风出现最早和最迟的低温初日期可相差1个月左右。

对比20世纪60年代以来各年代际寒露风的发生频率,华南地区20世纪60年代至70年代出现频率较高、危害较重,其中70年代有6个年份寒露风危害均较重。江南地区20世纪60年代寒露风日数最少,70年代明显增加达到最多,随后逐渐减少。

4.4.5.4 寒露风的指标

水稻不同品种对低温的耐受性不同,因此寒露风灾害的标准和指标也不同。研究结果表明:粳稻在抽穗扬花期遇到连续3 d或以上日平均气温低于20 ℃受害;籼稻和杂交稻在抽穗扬花期遇到连续3 d或以上日平均气温低于22 ℃,就会受害;气温越低,持续时间愈长,危害愈重。寒露风天气影响强度一般以持续天数的长短作为影响的轻、中、重等级划分。李艳兰等(2000)研究认为,影响杂交稻的寒露风标准为日平均气温≤22 ℃且连续3 d以上;其中3~4 d为轻级寒露风;5~6 d为中级寒露风;7 d及以上为重级寒露风。

中国气象局政策法规司(2008b)综合分析和总结了寒露风指标的各种成果,制定了《寒露风等级》国家标准。该标准以日平均气温、日最低气温、雨日为基础,进行了寒露风的等级划分,将其分为干冷型、湿冷型两大类,并各分为轻度、重度两个等级。

刘丽英等(1996)利用晚稻抽穗扬花期间日平均气温资料,根据各地寒露风天气出现的强弱、范围以及影响程度,以年度寒露风天气的总天数、年度寒露风最长过程总天数与相应气温高低,综合考虑划分年度强度标准。

4.4.6　高温热害

高温热害指高温对植物(生物)生长发育和产量形成所造成的损害。由于我国是大陆性季风气候,气温日变化和年变化均很大,冬季寒冷、夏季炎热是我国气候的基本特点之一。夏季日最高气温在35 ℃以上的高温在我国普遍存在,华南、华东、华中、华北地区出现频率较高,尤其长江中、下游地区出现频率更高。南方早稻在6月中旬至7月初进入孕穗开花阶段,7月进入灌浆成熟阶段;四川盆地、长江中下游地区中稻一般在7月中下旬至8月上旬抽穗开花,而此时,我国天气主要受副热带高压控制,正常年份长江流域正处于出梅以后的高温、少雨的干燥阶段,高温对早稻灌浆,中稻穗分化、开花危害较大。高温对瓜果、茄科和叶菜、豆类、块茎蔬菜生长发育也会带来不利影响,会导致叶片萎蔫,光合能力降低,果树落花、落果加重,同时还会造成灼伤。

4.4.6.1　高温热害的致灾机理

高温对作物的影响和危害是多方面的,作物种类和受害的时间不同,受到的影响也不同。在作物的开花期,高温直接导致花粉活力下降,畸形率增加,影响开花、散粉、受精过程。比如水稻若在开花期花药开裂后遇到高温,会使花粉管的伸长受到影响,花粉很快失去活力;花粉管尖端大量破裂,受精能力丧失,形成大量空粒白壳,结实率下降,产生高温不实现象。玉米开花期遇高温干燥天气,花粉迅速干枯,失去发芽力。瓜果类蔬菜和果树花果期受到高温影响,可导致大量落花落果。

作物在灌浆期遇到高温,会使籽粒内酶的活性受到影响,灌浆速度下降,影响干物质积累,同时高温加剧了呼吸作用,使叶温上升,整个植株的水分代谢失调,功能叶早衰,使光合同化物输送到穗部和籽粒的能力下降,灌浆终止,导致高温逼熟。

作物在苗期时,高温可降低光合酶的活性,破坏叶绿体结构和引起气孔关闭,影响光合作用。在高温条件下呼吸强度增强,消耗明显增多,而使净光合积累减少。高温严重时,植株叶绿素失去活性、光合速率下降,消耗量大大增强,使细胞内蛋白质凝集变性,细胞膜半透性丧失,植物的器官组织受到损伤,造成灼伤烧苗。

4.4.6.2　高温热害的分布

从高温热害发生的区域来看,长江以南单季稻区近50年来孕穗至灌浆期间的高温热害发生频次大于长江以北地区,其中江西、湖南东南部、浙江西南部发生频次最多,平均每年发生4～6次;江苏、湖北北部和湖南西部平均每年发生1～2次。从年代际变化来看,20世纪90年代与80年代相比,长江以北单季稻开花期高温热害发生的频率增大,但强度减小;长江以南大部分早稻开花期高温热害频率和强度均呈增大趋势;华南大部分早稻生长关键期高温热害频率和强度减小的幅度相对比较大;四川平原大部分一季稻生长关键期高温热害频率和强度无明显变化。相比20世纪80年代和90年代,21世纪以来高温热害发生的频次明显增多、强度有所增加,其中浙江、安徽和江西的部分地区强度增幅较大。

4.4.6.3　高温热害的指标

《主要农作物高温危害温度指标》(GB/T 21985—2008)中对各类主要作物不同生长阶段

的热害指标作了规定。

(1)水稻热害指标

早稻不同生长发育阶段热害指标:薄膜育秧期:$T_{max}\geqslant26$ ℃时,膜内幼苗受害。抽穗开花期:连续 3 d $T_{max}\geqslant35$ ℃或 $T\geqslant30$ ℃时,花粉发育受影响和开花授粉受精不良。灌浆结实期:$T_{max}\geqslant35$ ℃或 $T\geqslant30$ ℃时,灌浆结实期缩短,成熟期提前,影响产量和品质。

中稻(含一季晚稻)不同生长发育阶段热害指标:薄膜育秧期:$T_{max}\geqslant26$ ℃时,膜内幼苗受害。孕穗期至抽穗开花期:连续 3 d $T_{max}\geqslant35$ ℃或 $T\geqslant30$ ℃时,花粉发育受影响和开花授粉受精不良。灌浆结实期:$T\geqslant28$ ℃时,灌浆结实期缩短,成熟期提前,千粒重下降,秕谷率增加,影响产量和品质。

晚稻不同生长发育阶段热害指标:育秧期:$T_{max}\geqslant35$ ℃或 $T\geqslant30$ ℃时,秧苗素质差。抽穗开花期:连续 3 d $T_{max}\geqslant35$ ℃或 $T\geqslant30$ ℃时,花粉发育受影响和开花授粉受精不良。

(2)冬小麦灌浆结实期热害指标

冬小麦灌浆结实期:$T\geqslant24$ ℃时,灌浆结实期缩短,成熟期提前,千粒重下降,影响产量和品质。

(3)玉米热害指标

地膜玉米芽期:$T_{max}\geqslant30$℃时,膜内种芽受害。薄膜育苗期:$T_{max}\geqslant26$ ℃时,膜内幼苗受害。开花期:$T_{max}\geqslant30$ ℃,$H\leqslant60\%$时,开花较少;$T_{max}\geqslant35$ ℃时,花粉粒丧失活力,不利于开花。灌浆结实期:$T\geqslant25$ ℃时,灌浆结实期缩短,成熟期提前,影响产量和品质。

(4)棉花热害苗期指标

地膜覆盖出苗期:$T_{max}\geqslant30$ ℃时,种芽受害。薄膜育苗期:$T_{max}\geqslant26$ ℃时,膜内幼苗受害。营养钵薄膜育苗期:$T_{max}\geqslant26$ ℃时,膜内幼苗易受高温危害。

(5)油菜热害指标

开花期:$T\geqslant26$ ℃时,开花显著减少。灌浆结实期:$T_{max}\geqslant30$ ℃时,会使灌浆结实期缩短,成熟期提前,影响产量和品质。

4.5 复合要素类农业气象灾害

4.5.1 干热风

干热风是开花灌浆期出现的一种高温低湿并伴有一定风力的灾害性、高影响性天气,影响小麦灌浆成熟,降低千粒重,导致小麦减产。干热风常对北方冬小麦、西北春小麦灌浆造成影响。它危害面积较大,发生频率也较高,减产显著,轻者减产 5%~10%,重者减产 10%~20%,甚至可达 30%以上。干热风一般从 5 月上旬开始由南向北,由东向西北逐渐推迟,至 7 月中下旬终止。黄淮冬麦区发生在 5 月上旬至 6 月中旬,华北地区以 5 月下旬至 6 月上旬出现较多。春麦区的黄河河套及河西走廊地区发生在 6 月中旬至 7 月中旬。

不同地区的研究结果表明,气候变暖使宁夏灌区小麦发育期有所提早,造成干热风影响时段也相应提前,小麦干热风次数呈增加趋势,干热风发生区域呈扩大趋势。甘肃省近 50 年来 6—7 月干热风次数随时间变化呈显著正相关,1961—1975 年为相对较多时期,1976—1989 年为相对较少时期,1990—2006 年为迅速增多时期。近 50 年来河南省冬小麦干热风灾害发生范围和天数整体趋于减弱,原因主要是因为虽然伴随气候变化,河南省平均气温也显著升高,但在河南省冬小麦生长后期,日最高气温并没有伴随平均气温显著升高,同时,河南省冬小麦灌浆期内 14 时相对湿度则呈略增趋势,风速则呈现显著减小趋势。这些气候要素的共同变化决定了河南省冬小麦干热风灾害整体减弱,其中风速显著减小对干热风灾害整体减弱的影响最大。

4.5.1.1 干热风的类型

(1)高温低湿型

在小麦扬花灌浆过程中都可能发生,一般发生在小麦开花后 20 d 左右至蜡熟期。干热风发生时温度突升,空气湿度骤降,并伴有较大的风速。发生时最高气温可达 32 ℃以上,甚至可达 37~38 ℃,相对湿度可降至 25%~35%或以下,风速在 3~4 m/s 或以上。小麦受害症状为干尖炸芒,呈灰白色或青灰色。造成小麦大面积干枯逼熟死亡,产量显著下降。

(2)雨后青枯型

又称雨后热枯型或雨后枯熟型。一般发生在小麦乳熟后期,即成熟前10 d 左右。其主要特征是雨后猛晴,温度骤升,湿度剧降。一般雨后日最高气温升至 27~29 ℃或以上,14 时相对湿度在 40%左右,即能引起小麦青枯早熟。雨后气温回升越快,温度越高,青枯发生越早,危害越重。

(3)旱风型

一般发生在小麦扬花灌浆期间。其主要特征是风速大、湿度低,与一定的高温配合。发生时风速在 14~15 m/s 或以上,相对湿度在 25%~30%或以下,最高气温在 25~30 ℃或以上。对小麦的危害除了与高温低湿型相同外,大风还加强了大气的干燥程度,加剧了农田蒸发蒸腾,使麦叶卷缩成绳状,叶片撕裂破碎。这类干热风主要发生在新疆和西北黄土高原的多风地区,在干旱年份出现较多。

4.5.1.2 干热风的致灾机理

干热风的危害程度取决于高温、低湿的环境条件,高温、干旱和强风力是发生干热风害的主要原因。北方小麦干热风科研协作组(1988)的研究结果表明,干热风导致小麦蒸腾量增大,体内水分失衡,造成一些不可逆的伤害,使小麦功能叶的叶绿素含量显著下降,光合作用受阻,诱发了代谢紊乱和造成饥饿,小麦灌浆源严重减少;导致叶片蛋白质受到破坏,引起氮代谢失衡;使细胞膜系统丧失正常功能,电解质外渗,导致细胞死亡。另一方面,干热风导致植株蒸腾骤升,叶片细胞失水严重,自由水减少,降低光合作用和植株生命力,同时也降低了根系活力。干热风伤害的机理,实质上是间接和次生伤害。据北方 13 省(市)统计,干热风危害轻的年份一般减产 5%以下;危害重的年份减产 5%~10%,损失小麦 35 亿 kg 以上(北方小麦干热风科研协作组,1988)。

4.5.1.3 干热风的指标

干热风的监测指标因其发生的类型不同而存在差异,《小麦干热风灾害等级》(QX/T 82—2019)对小麦干热风等级、过程以及年型的评价指标进行了分类。

对于不同地区,由于气候条件和小麦品种特性存在差异,干热风指标也略有不同。宁夏春小麦干热风指标如表 4.34 所示。

表 4.34　宁夏灌区春小麦两类干热风发生程度等级指标(刘静 等,2004)

类型	灌浆时段	因子	干热风等级		
			轻	中	重
干热风	抽穗扬花期	最高气温≥32 ℃日数(d)	1～2	2～3	>3
		极端最高气温(℃)	31.5～33.0	33.1～34.0	≥34.0
		平均风速≥2.5 m/s日数(d)	1～2	>2	>2
	灌浆乳熟期	最高气温≥32 ℃日数(d)	1～2	2～4	>4
		极端最高气温(℃)	32～33.2	33.4～34.4	≥34.4
		当日最小相对湿度(%)	30～26	26～23	>23
		当日平均风速(m/s)	2.5～2.8	2.5～3.4	≥3.5
	乳熟成熟期	最高气温≥32 ℃日数(d)	1～2	2～3	≥4
		最小相对湿度≤30%日数(d)	1～2	2～3	≥4
		平均风速≥2.5 m/s日数(d)	1～2	1～3	≥4
		极端最高气温(℃)	32.4～33.9	34.0～35.0	>35.0
		当日平均风速(m/s)	≤31	≤28	≤24
青干	抽穗扬花期	过程降水量(mm)	5～15	>15	—
		降水日数(d)	2	3	—
		过程后2 d内最高气温(℃)	28.0～29.6	≥29.7	
	灌浆乳熟期	过程降水量(mm)	4～19	9.0～17.7	≥17.7
		降水日数(d)	2	2	≥3
		过程后2 d内最高气温(℃)	≥29	≥29	≥29
	乳熟成熟期	过程降水量(mm)	5.0～15.8	15.9～30.4	>30.5
		降水日数(d)	2	3	≥3
		过程后2 d内最高气温(℃)	≥29	≥28.8	≥29.7

4.5.2　连阴雨

连阴雨是指在作物生长季中出现连续阴雨达4～5 d或以上的天气现象,中间可以有短暂的日照时间,但不会有持续1 d以上的晴天。连阴雨天气的日降水量可以是小雨、中雨,也可以是大雨或暴雨。各地气象台站根据本地天气气候特点及对农业生产影响的情况,其规定略有差异。

4.5.2.1　连阴雨的类型及时间分布

根据连阴雨发生的时间,可以将连阴雨分为以下几类:

(1)春季连阴雨

华南2—3月或长江中下游3—4月正值早稻播种,遇低温连阴雨会造成烂秧。又可分低温连阴雨和高温连阴雨两种,前者日平均温度低于12 ℃,后者高于12 ℃。

(2)秋季连阴雨

长江下游入秋常阴雨连绵,与西风带和副热带环流系统演变及所处位置密切相关。一般发生在9—10月,可使晚稻籽粒发芽霉烂,棉花烂铃落铃。

（3）华西秋雨

发生于陇南、关中、陕南、鄂西、湘西和川黔大部，与副高移动及秋季寒潮入侵形成静止锋有关，出现在 8 月下旬至 11 月中旬，以 9—10 月为集中，易造成作物倒伏、霉烂发芽。

4.5.2.2　连阴雨的成因

春季，中国南方的暖湿空气开始活跃，北方冷空气开始衰减，但仍有一定强度且活动频繁，冷暖空气交绥处（即锋）经常停滞或徘徊于长江和华南之间。在地面天气图上出现准静止锋，在 700 hPa 等压面图上，出现东西向的切变线，它位于地面准静止锋的北侧。连阴雨天气就产生在地面锋和 700 hPa 等压面上的切变线之间。当锋面和切变线的位置偏南时，连阴雨发生在华南；偏北时，就出现在长江和南岭之间的江南地区。

秋季的连阴雨，发生在北方冷空气开始活跃、南方暖湿空气开始衰减，但仍有一定强度的形势下，其过程与春季相似，只是冷暖空气交汇的地区不同，因而连阴雨发生的地区也和春季有所不同。

4.5.2.3　连阴雨的致灾机理

农作物生长发育期间因持续阴雨天气，土壤和空气长期潮湿，日照严重不足，农作物根系长期缺氧，叶片光合作用不畅，产量和质量遭受影响。另外，由于连阴雨，湿度过大，还可引发某些农作物病虫害的发生及蔓延。

4.5.2.4　连阴雨的指标

发生在不同时期的连阴雨，有不同的指标。可以根据作物在不同发育阶段受连阴雨影响的症状，划分连阴雨害灾害等级。轻度连阴雨害：影响晾晒，田间有积水，少量烂秧。中度连阴雨害：收割、播种困难，大量烂秧。重度连阴雨害：种子发芽、果实腐烂，不能播种出苗，烂秧严重。

（1）春播期连阴雨指标

春播期连阴雨主要出现在中国东部地区，江南、华南地区主要出现在早稻育秧阶段，往往与低温相伴；长江中下游地区主要出现在棉花播种期。春季连阴雨的显著特点是：降水持续时间长，雨区范围广，雨量强度小，光照差。根据阴雨和气温的状况，可划分为：低温型阴雨、温暖型阴雨、前冷后暖型阴雨、前暖后冷型阴雨、冷暖交替型阴雨等。按照温度又可分低温连阴雨和高温连阴雨两种，前者日平均温度低于 12 ℃，后者高于 12 ℃。

当日平均气温在 12 ℃或以下时，连阴雨 3～5 d，或在短时间内气温急剧下降，且日最低气温降到 5 ℃以下，均可造成棉花等作物的烂种、死苗，特别是日平均气温低于 10 ℃的低温连阴雨，持续 7 d 或以上对农业生产的影响尤为显著，导致地温低，土壤湿度大，日照不足，使播在地里的作物种子呼吸作用减弱，生理活动受限，根芽停止生长，出现大面积的烂种、死苗现象。

（2）夏收烂场雨指标

黄淮地区小麦烂场雨多发生在 5 月下旬至 6 月上旬，过程降水量在 50 mm 以上，0.1 mm以上的雨日 3～5 d。长江流域夏收期一般年份多处于梅雨期到来之前的相对少雨期，小麦收获基本能正常进行；但遇到副热带高压偏强、梅汛期偏早年份，使收获期与早梅雨相遇，导致烂场雨的发生。

江淮地区夏收连阴雨的过程指标（吴洪颜 等，2003）：连续 7 d 以上，日雨量≥0.1 mm 的连续降水时段。日雨量≥0.1 mm 的天数与总天数之比≥70%，无雨日的日照时数小于 5 h，总雨量≥10 mm。连续 3 d 无雨作为连阴雨结束。

4.6 农业气象灾害监测评估与风险区划

4.6.1 农业气象灾害监测评估

由于中国各地气候条件差异大,农业类型多样,各地的农业气象灾害类型复杂,并且很多灾害具有局地性发生的特点,各省农业气象灾害监测预警评估工作一直根据当地的服务需求开展,服务水平参差不齐。

国家级较规范化的农业气象灾害监测预警服务开始于 2006 年,服务产品逐步发展到针对干旱、低温、霜冻、高温热害、寒露风、干热风、湿渍害等的农业气象灾害发生发展全过程的灾前预警、灾中跟踪和灾后评估的各类业务服务产品。2016 年,随着格点化、精细化农业气象灾害影响预报技术的发展,以及作物模型对农业气象灾害的定量评估技术的发展,农业气象灾害影响监测预报业务服务全面展开。

各类农业气象灾害监测预警评估产品均面向决策服务和公众服务发布。服务对象包括农业农村部、发改委、财政部、统计局、民政部、粮食局、新华社、保监会、棉花协会等有关单位,以及中国气象局领导、办公室、应急减灾与公共服务司、公共气象服中心、各省(市、区)气象局农业气象业务单位等气象系统职能部门和相关业务单位,并通过中央气象台网站、中国气象频道、中国天气网等向公众服务。

农业气象灾害的监测评估以及预警包含两方面的内容:一方面,是对农业生产过程中发生的不利天气或气候条件进行监测评估或预警,包括可能致灾的高影响天气出现的区域(农区)、灾害性天气的强度、持续的时间等;另一方面是对灾害受体即农作物的影响程度、灾害程度的描述,包括判断作物是否处于对该类灾害性天气敏感的时段,进而判断对该种作物的影响程度、影响范围等(图 4.5)。

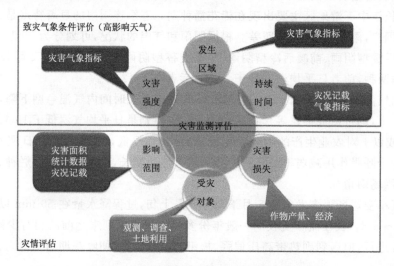

图 4.5 农业气象灾害监测评估(预评估)

具体在农业气象业务服务过程中,根据作物生长发育状况监测、农业气象灾害指标、灾情收集与调查资料、天气预报(含数值天气预报)、气候预测等,在农业气象灾害发生前预警、预估并提出防灾避灾对策;当灾害发生时,对过程进行动态监测、实时评估,提出减灾救灾对策;在灾害发生后,对灾害的全过程及其影响进行后评估,提出救灾对策和农业生产恢复措施,通过不同渠道向决策部门和公众提供服务。

4.6.2　农业气象灾害风险区划

农业气象灾害风险区划是基于灾害风险理论及农业气象灾害风险形成机制,通过对孕灾环境敏感性、致灾因子危险性、承灾体易损性、防灾减灾能力等多因子综合分析,构建农业气象灾害风险评价框架、指标体系、方法与模型,对农业气象灾害风险程度进行评价和等级划分,借助 GIS 绘制相应的风险区划图系,并加以评述,提出相应的防御措施。

4.6.2.1　基本概念

1)灾害风险。指各种危险因子未来若干年内发生的可能性及其可能达到的危害程度。

2)农业气象灾害风险。指各种农业气象灾害发生及其对农作物造成损失的可能性。

3)孕灾环境。指农业气象灾害危险性因子、承灾体所处的外部环境条件,如地形地貌、水系、植被分布等。

4)致灾因子。指引起农业气象灾害发生的直接因子,如干旱、冷害、暴雨等。

5)承灾体。指农业气象灾害作用的对象,在这里特指农业生物。

6)孕灾环境敏感性。指受到农业气象灾害威胁所在地区的外部环境对灾害或损害的敏感程度。在同等强度灾害情况下,敏感程度越高,农业气象灾害所造成的破坏损失越严重,农业气象灾害的风险也越大。

7)致灾因子危险性。指农业气象灾害异常程度,主要是由致灾因子活动规模(强度)和活动频次(概率)决定的。一般地,致灾因子强度越大,频次越高,农业气象灾害所造成的破坏损失越严重,气象灾害的风险也越大。

8)承灾体易损性。指可能受到农业气象灾害威胁的农作物的伤害或损失程度。承灾体易损性和其密度关系密切,一般而言,承灾体密度越大,易损性越高,可能遭受的潜在损失越大,农业气象灾害风险越大。

9)防灾减灾能力。受灾区域对农业气象灾害的抵御和恢复程度。包括应急管理能力、减灾投入资源等,防灾减灾能力越高,可能遭受的潜在损失越小,农业气象灾害风险越小。

10)农业气象灾害风险区划。指在孕灾环境敏感性、致灾因子危险性、承灾体易损性、防灾减灾能力等因子进行定量分析及评价的基础上,为了反映农业气象灾害风险分布的地区差异性,根据风险度指数的大小,把研究区域划分为若干个风险等级。

4.6.2.2　风险区划所需数据资料

灾情资料,即农业气象灾害造成的灾情普查数据,如受灾面积、成灾面积、绝收面积以及农作物产量损失等。

气象资料,即气象台站气象要素逐日观测资料。

社会经济资料,即统计部门、农业部门每年出版的统计年鉴中的行政区域土地面积、作物播种面积、国民生产总值、农民人均纯收入等数据。

基础地理信息资料,即高程、水系、植被等 1:50000 的 GIS 数据。

4.6.2.3 农业气象灾害风险评估因子

农业气象灾害是不利的气象条件,作用于农作物本身时,对农作物生长发育产生的不利影响,是气象条件与农作物之间关系的一种表现。

从灾害学的角度出发,农业气象灾害形成必须具备以下条件:

1)存在诱发农业气象灾害的因素(致灾因子)及其形成灾害的环境(孕灾环境)。

2)不利气象条件影响区域农业生物(承灾体)。

3)人们在潜在的或现实的农业气象灾害威胁面前,采取回避、适应或防御的对策措施(防灾减灾能力)。

也就是说,农业气象灾害风险是由致灾因子危险性、孕灾环境敏感性、承灾体易损性和防灾减灾能力 4 个部分共同形成的(图 4.6)。

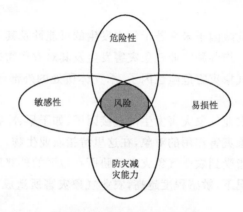

图 4.6 农业气象灾害的形成

4.6.2.4 风险区划技术流程

农业气象灾害风险是致灾因子危险性、孕灾环境敏感性、承灾体易损性和防灾减灾能力综合作用的结果,其风险函数可表示为:

$$农业气象灾害风险 = f(敏感性, 危险性, 易损性, 防灾减灾能力)$$

而构成农业气象灾害风险的 4 个主要因子又是由若干评价指标来反映,因此,根据自然灾害风险理论和农业气象灾害风险的形成机制,首先建立农业气象灾害风险评估概念框架,然后进一步构建农业气象灾害风险区划技术流程(图 4.7)。

4.6.2.5 农业气象灾害风险区划方法

(1)概率和统计方法

气候现象的模拟是气象灾害统计分析中应用很广的方法,在统计理论中的数学模式就是恩布函数。对于复杂的气象灾害现象、过程或系统基本上很难设计确定的模式,但可以设计统计模式。

● 气候极值的推断

气象灾害中,一类灾害为极端稀遇的气候事件,例如,百年一遇的特大暴雨、百年一遇的最大风速等。这类灾害现象的特点是重现期很长,发生概率小,但如果灾害发生,可能造成的损害往往是毁灭性的。另一类气象灾害是严酷的气象现象,加寒潮、台风、干旱等,它们的发生概率相对要大些,对农业生产及人们的生活带来损害和影响。

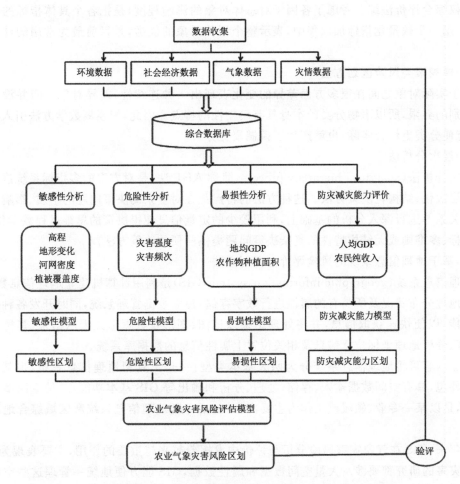

图 4.7　农业气象灾害风险区划技术流程

对于极端稀遇的气候事件可以采用给定重现期的极值推断方法。

● 较为异常事件的频数分布

对于发生频率相对较高的严酷事件,研究它们的发生频率和强度具有一定的实际意义,其常用的方法有泊松分布分析。

● 等级排序统计与幂次定律分布分析

幂次定律分布(power law distribution)对复杂的自然和社会现象能够很好地表达。自然灾害中往往用幂次定律来说明灾害损失数据样本达到一定的数量后,其经济损失与等级排序二者之间的对数值呈线性相关关系。

(2)加权综合评价法

加权综合评价法是假设由于指标 i 量化值的不同,而每个指标 i 对特定因子 j 的影响程度存在差别,用公式表达为:

$$C_{vj} = \sum_{i=1}^{m} Q_{vij} W_{ci} \tag{4.21}$$

式中,C_{vj} 是评价因子的总值;Q_{vij} 是对因子 j 的指标 $i(Q_{vij} \geqslant 0)$;W_{ci} 是指标 i 的权重值($0 \leqslant W_{ci} \leqslant 1$),通过层次分析法计算得出;$m$ 是评价指标个数。

加权综合评价法综合考虑了各因子对总体对象的影响程度,是把各个具体指标的优劣综合起来,用一个数量化指标加以集中,表示整个评价对象的优劣,是目前最为常用的计算方法之一。

(3)模糊聚类风险区划方法

由于实际对象之间在很多方面差异的变化表现出一种连续性,差异对象之间并没有一个截然区别的界限,所以事物分类的本身具有模糊性的特点。因此,把模糊数学方法引入聚类分析,就能使分类更切合实际,也就产生了模糊聚类分析。

(4)层次分析法

层次分析法(analytical hierarchy process,简称 AHP 法)是对方案的多指标系统进行分析的一种层次化、结构化决策方法。这种方法的特点是在对复杂的决策问题的本质、影响因素及其内在关系等进行深入分析的基础上,利用较少的定量信息使得决策的思维过程数学化,从而为多目标、多准则或无结构特性的复杂决策问题提供简便的决策方法。

(5)基于地理信息系统的风险评价与区划方法

地理信息系统(geographic information system,GIS)是利用计算机建立地理信息数据库,将空间地理分布状况及所具有的属性进行数字存储,建立数据管理系统,同时开发各种分析和处理功能,以便快速获取信息,并将处理结果以地图、图形及数据形式表示出来,其核心是管理、计算、分析地理坐标位置信息及相关位置上属性信息的数据库系统。

根据内容可将地理信息系统分为两大基本类型:一是工具型地理信息系统,也就是 GIS 工具软件包,具有空间数据输入、存储、处理、分析和输出等 GIS 基本功能;二是应用型地理信息系统,是以某一专业、领域或工作为主要内容,包括专题地理信息系统和区域综合地理信息系统。

近年来,GIS 在气象灾害风险分析与评价中发挥着越来越重要的作用,主要表现为:a. 各种自然灾害的研究都要涉及大量空间数据和属性数据,GIS 能方便地统一管理这些空间数据和属性数据,并提供数据的查询、检索、更新及维护操作。b. GIS 具有强大的空间分析和图形表达能力,可以直接为灾害监测预警和减灾工作提供决策服务。c. 利用 GIS 空间建模功能,能够构建各种具有专业性、综合性、集成性的分析模型来完成具体的实际工作,解决以前只是靠专家才能解决的复杂的专业问题。

第 5 章　气候变化对我国农业的影响

5.1　气候变化概况

气候是在较长时间内的天气特征的综合,但这种综合绝非简单地指平均值,某地出现的某种天气条件的概率和极端值也都属于气候范畴。气候变化(climate change)是指气候平均状态在统计学意义上的巨大改变,或者持续较长一段时间(典型的为 10 年或更长)的气候变动。《联合国气候变化框架公约》(United Nations Framework Convention on Climate Change,UNFCCC)则将"气候变化"定义为:"经过相当一段时间的观察,在自然气候变化之外由人类活动直接或间接地改变全球大气组成所导致的气候改变。"

事实上,当某地的气候长期处于一种稳定的状态时,人类和生态系统等与之相适应,但气候发生变化时,一些极端的天气和气候事件频繁发生,则会导致重大的自然灾害。气候变化的原因可能是自然的内部进程,或是外部强迫,或者是人为地持续对大气组成成分和土地利用的改变。许多研究表明,地球气候处于不断的变化过程中,而且这种变化存在不同的时间尺度特征,如年际、十年际和更长期的变化特征。

以全球变暖为主要特征的气候变化已经成为当今世界重要的环境问题之一。最近几十年关于气候变化的问题一直是学术界研究的热点。在过去的 100 年里,全球平均表面温度上升了 0.74 ℃,而最近 50 年的升温几乎是过去 100 年的 2 倍。IPCC 第 5 次评估报告指出,气候变化比原来认识的要更加严重,在过去的 30 年里,每 10 年的表面温度要高于人类有记录以来的任何 10 年,且 2000 年以来的十几年气温最高。许多区域的作物研究表明,气候变化对粮食产量的不利影响比有利影响更为显著。在全球变暖的情景下,近 50 年来,我国增暖明显,全国年平均表面温度增加了 1.1 ℃,明显高于全球或北半球同期的平均增温速率。尤其是 20 世纪 80 年代中期以来,升温速率显著加快,北方地区增温趋势显著。近 50 年我国年降水变化趋势不明显,但年际波动较大,区域间存在明显差异,极端天气气候事件的频率和强度出现了明显增强,霜冻日、寒潮事件减少,长江中下游地区和东南地区洪涝加重。我国东北和华北、西北东部的干旱日趋严重。未来 20～100 年我国表面温度仍将继续上升,趋势明显,北方增暖大于南方,内陆增暖大于沿海。降水量的年际变化较大,但随着温室气体浓度的持续增加,未来降水量可能呈增加趋势。

全球气候变化带来一系列问题,变化幅度已超出地球本身自然变动范围,对人类生存和社会经济构成严重威胁。农业是受全球气候变化影响最大、最直接的行业之一,尤其是作为农业主体的作物生产与粮食安全。根据中国国家气候变化方案,农业是应对气候变化 4 个主要领域之一。气候变化背景下我国的粮食安全也已受到严重威胁,2020—2050 年我国农业生产将受到气候变化的严重冲击。大气中 CO_2 浓度增加及气候变暖,通过影响作物生育进程、适宜种植区和灾害性因子等的变化,对农业生产产生很大影响。

全球气候变化引起的温度上升、日照减少与降水格局变化也导致了中国主要粮食作物种植区农业气候资源的变化。小麦、玉米和水稻生育期内的平均气温、平均最高气温、平均最低气温和积温总体均呈升高趋势;降水量的空间变异较大;日照时数总体呈减少趋势。麦区除西北区气候呈暖湿化外,主要冬麦区气候均呈暖干化;玉米产区除西北产区气候呈暖湿化外,主要产区气候均呈暖干化;单季稻产区在东北和西南产区气候呈暖干化,其他产区气候均呈暖湿化;双季稻产区气候均呈增暖趋势,降水量变化存在较大的空间差异。

5.2 气候变化对农业生产直接影响

5.2.1 对农作物光合作用的影响

CO_2 浓度升高可使作物光合速率增加。700 $\mu mol/mol$ CO_2 浓度下使大豆从三叶至结荚期的净光合速率比 350 $\mu mol/mol$ 和 500 $\mu mol/mol$ CO_2 浓度下分别增长 42%～79% 和 13%～61%;CO_2 浓度增加使水稻叶片光合速率提高 30%～70%。同样也使小麦净光合速率增大,光合时间延长。主要表现在:农作物的光合同化作用不仅受益于 CO_2 浓度的增加和温度升高,而且还受制于水分的约束,即水分的良好同步匹配,才会对光合同化作用有利,而西北地区的未来高蒸发率和土壤有效水分的减少,很难与温度相匹配;由于温度升高,有效水分的减少,将在很大程度上制约对 CO_2 的有效吸收,减弱作物的光合同化过程和强度;还将可能由于温度升高而使农作物受到高温胁迫的影响,使光合作用受阻,甚至中断或终止作物的正常生育过程;由于高温还将加速土壤中肥料的分解流失,影响光合同化过程中养分的输送与贮存;较高的蒸发率还可能抵消因 CO_2 增加而提高的水分利用率,导致作物的水分胁迫更加严重;农作物的呼吸消耗也将随着温度升高而呈指数递增,直接导致光合同化产物被植株自身为维持呼吸作用而大量消耗;较高的温度还可能会加快农作物的生育进程,使之来不及累积同化物,导致籽粒灌浆不充分等。

5.2.2 对水分利用效率的影响

植物通过根系从土壤中吸收水分,通过叶片光合作用将水和 CO_2 转化为有机物,水分主要通过土表蒸发和植物冠层蒸腾两种方式散失。水分利用效率(water use efficiency,WUE)是用以描述植物产量与消耗水量之间关系的名词,对植物叶片来说,WUE=光合速率/蒸腾速率;对植物个体来说,WUE=干物质量/蒸腾量;对植物群体来说,WUE=干物质量/(蒸腾量+蒸发量)。影响植物水分利用效率的外界因子有很多,如光照、水分、空气温度、叶温、饱和差、CO_2、干旱、冰冻、降温等均对植物水分利用效率有影响,但影响程度不同。Farquhar 等(1982)认为光照和水分是植物水分利用效率的主要影响因子。植物水分利用效率除了受外界因子影响外,还与植物内在因子(如叶水势、气孔、光合速率、蒸腾速率和光合途径)有关。黄占斌等(1997)研究认为,叶水势通过对蒸腾速率和光合速率的影响程度不同而影响 WUE。郭贤仕等(1994)研究表明,水分利用效率随着光合速率的升高而升高,而蒸腾速率低的水分利用效率高。气孔也是影响植物水分利用效率的重要内在因子,接玉玲等(2001)对苹果进行研究,结果表明 WUE 随着气孔导度下降反而上升,理论上讲,CO_2 的扩散阻力是水蒸气的 0.64 倍,因此气孔导度对光合速率的影响比蒸腾速率大,所以随着气孔导度的下降,虽然光合速率和蒸腾速率都下降,但蒸腾速率下降得比光合速率快,从而使水分利用效率升高。

水分利用效率直接受最终产量和全生育期耗水量的影响,可反映自然条件下作物耗水量与干物质生产及籽粒产量的关系。气候变化对作物水分利用效率的影响是多因素的,从作物产量水平上看,植物水分利用效率与降水量呈负相关,但随着水分限制条件的进一步加强,植物水分利用效率逐渐升高至一定水平后下降,同时,热量条件、CO_2 浓度等环境条件的改变也会使作物产量和耗水规律发生相应变化。

5.3　气候变化对农业生产间接影响

5.3.1　对种植制度的影响

种植制度指一个地区或生产单位作物种植的结构、配置、熟制与种植方式的总体。一个地区作物的种植制度应该根据现实生产和资源条件,兼顾经济发展和基于生态管理的资源保护最优化,最终达到预期的年度生产目标。因此,气候资源等内在和外界条件的变化决定需要一个动态的种植制度与之相适应,以保证农业生产目标的实现。气候变化改变了中国热量的时空分布格局,从而影响作物的种植制度和种植结构,主要体现在作物种植界线、多熟制种植界线、作物品种布局、作物复种指数和作物种植结构等方面。

（1）作物种植界线显著北移高扩

20 世纪 90 年代以来,东北地区气候增暖明显,水稻种植面积得到北扩,以前是水稻禁区的伊春、黑河,如今也可以种植水稻。20 世纪 90 年代中后期,东北地区的水稻种植北界已达52°N 左右的呼玛地区,较 20 世纪 80 年代初北移了约 4 个纬度。进入 20 世纪 90 年代以来,甘肃省的冬小麦种植区已从 20 世纪 60 年代的岷县—陇西—通渭—渭源—庆城一线,北移至临夏—兰州—白银—景泰一带,北移了 1~4 个纬度;而黑龙江省已有 17 个县市初步具备种植冬小麦的气候条件,最北可延伸至克东和萝北等北部地区。气候变暖也使得中国玉米种植带和霜冻带显著向北和向高海拔移动。玉米种植北界在 20 世纪 60 年代大致位于庄河—锦州—兴隆至蔚县—忻县—蒲城—天水—丹曲—松潘一线以北和河西走廊、新疆北部一带,目前这一界线已经明显北移。黑龙江省玉米种植北界已扩展至大兴安岭和伊春地区,向北推移了约 4个纬度;同时,玉米种植区域也向高海拔地区扩展。20 世纪 80 年代以后西藏玉米种植地区由传统意义上的海拔 1700~3200 m 扩展到3840 m。温度升高也使得夏播大豆的种植北界越过了原有的北方温和、中长光照春夏播大豆区,到达了东起辽东半岛南缘,经渤海沿长城西行,接岷山—大雪山一线的位置,向北推进了 3~5 个纬度。

（2）多熟种植界线明显北移高扩

气候变暖也显著地影响了中国的作物种植熟制,多熟种植的北界明显北移。气候变暖使得双季稻种植北缘由原先的 28°N 推进到 31°~32°N,稻麦二熟由原先的长江流域推进到华北平原的北缘（40°N）;与 1950—1980 年相比,1981—2007 年中国一年两熟制、一年三熟制的作物种植北界（通过气候数据计算,不是实际种植北界）均有不同程度的北移。

（3）作物品种布局发生明显改变

气候变暖引起的热量增加使得中国南方水稻品种逐渐向北方扩展,冬小麦种植北界北移西扩,喜温作物播种面积比例增加。1950—2000年河南省冬小麦品种由冬性为主演变到半冬性、弱春性占绝对优势,且其成熟期也明显提早。南方比较耐高温的水稻品种逐渐占主导地位,并向北方发展;东北地区乃至全国大部分地区水稻种植区均表现出由早熟被高产晚熟品种所替代的趋势。喜温作物玉米、谷子等作物种植面积也有所扩大;越冬作物冬小麦、冬油菜西伸北扩,冬小麦向北、向西扩展,向西的种植海拔高度超越 2000 m。气候变暖对作物品种布局的改变深刻影响了品种在粮食生产中的作用和地位。

(4)作物复种指数大幅度提高

中国是世界上复种面积最多的国家,有着较大的土地产出率。气候变暖已显著影响了中国的复种指数:全国的作物复种指数明显上升,由 1985 年的 143.0%增加到 2001 年的 163.8%,其中青藏高原、西北、西南、华东和华南地区丘陵山地的复种指数增幅较大。气候变暖导致的中国作物种植北界的北扩高移将使复种指数逐年增加,有效地促进了中国粮食的增产。

(5)种植结构发生明显变化

由于不同地区气候变暖的程度和趋势不同,气候变化对农业种植结构的影响也不尽相同。1984 年前黑龙江省的水稻播种面积仅占 3 种主要粮食作物(水稻、玉米与小麦)总播种面积的6%,2000 年占比达 39%,使得黑龙江省的粮食作物种植结构从以小麦和玉米为主转变为以玉米和水稻为主的结构。

尽管气候变暖导致的热量时空格局变化引起了包括种植界限北移高扩和复种指数提高等作物种植制度的剧变,有效地促进了农业增产,但由于中国气候变化的时空变异较大,北方干暖化趋势明显,南方洪涝灾害频发,致使现有农业生产面临着调整不及时、应对措施不当等所带来的巨大挑战。缺乏科学论证的引种已经给中国的粮食生产带来严重危害。例如,发生在东北地区的水玉米事件就是由于种植玉米品种的生育期超过当地无霜期所致。发生在黄淮、长江中下游与西南地区冬麦区的冻害及由此引起的群众集体上访事件就是由于盲目推广春性较强的小麦品种所致,特别是 2004 年小麦良种补贴项目实施的利益驱使进一步加剧了这一现象。1993 年冬季江汉平原发生的一次大范围低温冻害过程导致天门蜜橘一夜之间几乎全部冻死,造成了普遍性经济损失,这都是预先没有从气候学角度进行科学论证而盲目引种导致的结果。

5.3.2 对农业气象灾害的影响

盛行的季风气候特点与较高的农业复种指数使得影响中国粮食生产的气象灾害具有显著的季节性:干旱大多发生在冬季和春季,洪涝大多发生在夏季的雨季高峰期。冬半年易发生低温灾害,夏季易发生高温热害。历史上对中国粮食生产影响最大的灾害主要有干旱、洪涝、低温灾害(冷害、冻害与霜冻)、风雹等。在农业气象灾害中,旱灾是影响中国粮食生产最严重的自然灾害,频发率占 53%;洪涝灾害位列第二,频发率占 28%;而风雹、冷冻和台风的频发率分别为 8%、7%和 4%。

尽管气候变暖在改善和增加区域热量条件的同时,也增加了一些区域的水分条件,在一定意义上有利于粮食生产,但气候变化的不确定性使气象灾害加剧,导致高温、干旱、强降水等极端天气气候事件与病虫害的频发,且来势早、强度大,并有加剧的趋势,导致农业生产脆弱性增加,粮食生产面临的风险增加,甚至给农业生产带来巨大的损失。

伴随着气候变暖和降水变异的加剧,自 1950 年以来中国的旱灾、洪涝、热浪和低温冷害及冻害等极端气候事件也呈加剧趋势。总体而言,气候变化对农业生产的影响利弊并存,但以负面影响为主,农业粮食产量与经济损失呈指数增长。特别是进入20世纪90年代以来,气候变率增大,致使中国重大农业气象灾害频发,损失巨大,仅1990—2006年期间的年均经济损失就达1004亿元,而2008年初的低温雨雪冰冻灾害使得20个省(区、市)的直接经济损失达1111亿元,其中作物受灾面积达0.118亿 hm²。

(1)干旱

干旱是中国农业面临的最主要灾害。旱灾影响范围广、持续时间长,损失也最为严重。近半个世纪以来,中国干旱地区和干旱强度都呈现增加趋势。中国北方主要农业区的干旱面积一直上升,夏秋季干旱日益严重,华北、华东北部干旱面积扩大尤其迅速,形势尤其严峻。20世纪50年代以来,中国农业干旱受灾、成灾面积逐年增加,每年因旱灾损失粮食250亿~300亿 kg,占自然灾害损失总量的60%。中国气象局《中国气候变化监测公报(2013)》指出,1961—2013年中国共发生了164次区域性气象干旱事件,其中极端干旱事件16次,严重干旱事件33次,中度干旱事件65次,轻度干旱事件50次。1961年以来,中国区域性气象干旱事件频次呈微弱的上升趋势,且年代际变化明显:20世纪70年代后期至80年代干旱事件偏多,20世纪90年代至21世纪初偏少,2003年以来总体偏多,近年来西南地区冬春季气象干旱尤为频繁。

干旱受灾面积与产量损失呈剧增趋势。1950—2010年中国干旱受灾面积呈上升趋势,年平均干旱受灾面积为2188万 hm²/a,并以22万 hm²/a的速率明显增加。

(2)洪涝

中国是世界上洪灾发生最为频繁的国家之一,洪水灾害波及的范围广,损失严重,约有10%的国土面积和70%的工农业总产值受到洪灾的威胁。洪涝灾害对粮食生产的危害仅次于旱灾,每年因洪涝灾害造成的粮食平均损失占总量的25%。洪涝发生呈频发与强度增大趋势。20世纪以来,中国暴雨极端事件出现频率上升、强度增大,尤以华南和江南地区最为明显,其中20世纪90年代为近50年来洪涝高发的10年。中国气象局《中国气候变化监测公报(2013)》指出,1961—2013年中国区域性强降水事件频次呈弱的增多趋势。1961年以来,中国共发生390次区域性强降水事件,其中极端强降水事件37次,严重强降水事件81次,中度强降水事件158次,轻度强降水事件114次。20世纪80年代后期至90年代,为区域性强降水事件频发期。另外,洪涝灾害发生面积总体呈扩展趋势。

(3)高温热浪

夏季持续高温和热浪频发是中国农业面临的主要气象灾害之一。1956—2006年全国近50年日最高气温除青藏高原地区外均>35 ℃,其中近50年日最高气温极大值>40 ℃的地区主要分布在塔里木盆地、吐鲁番盆地、华北东部、黄淮地区和长江中游地区;全国大部分地区,即除青藏高原、西南西部、东部大部,以及内蒙古中东部等地的其他地区,平均高温日数大于2 d,江南大部分地区也在20 d以上。江南和华南地区的高温使得水稻灌浆不足,导致减产。高温热灾发生频率与强度呈增加趋势。1950—2000年华北和华东地区的春末高温、干热风发生频率和强度呈增加趋势;西北地区显著的暖干化增加了干热风发生次数,给农业带来巨大危害。气候变暖引发的夏季持续高温频发且面积明显增大。1961—2010年中国夏季高温热浪的频次、日数和强度总体呈增多、增强趋势,同时,中国夏季高温热浪发生的区域差异明显:华北北部和西部、西北中北部、华南中部、长江三角洲及四川盆地南部呈显著增多(强)趋势;而黄淮西部、江汉地区呈显著减少趋势。

（4）低温灾害

低温灾害是指作物生长季节受低于生育期适宜温度下限的低温影响,致使作物生育延迟,分为冷害、寒害、霜冻和冻害。寒潮和强冷空气是中国秋、冬、春三季易发生的灾害性天气,常常带来剧烈降温和大风天气,有时还伴有雨雪和冻雨,形成冻害。低温灾害发生频率总体呈减少趋势,但区域差异显著。夏季低温冷害是东北地区最严重的气象灾害之一,20世纪60年代末至70年代中期低温冷害发生较为频繁,灾害程度较重;20世纪80年代后气温明显升高,低温冷害出现频次明显减少。低温灾害影响呈加重趋势且面积明显扩展。低温冷害灾情在中国各区域差异较小,西北和华中的灾情相对较重。气候变暖背景下的低温冷冻害对中国农业的影响不但没有减轻,反而加重,其中黄淮流域的灾害强度呈加大趋势,华南、西南和西北地区也有一定程度的提高。

5.3.3 对农业病虫害的影响

气候变暖不仅加剧了农业气象灾害及其影响,也加剧了农业病虫害的频发,而且来势早、强度大。据FAO统计,全世界农业生产中每年因虫害、病害和杂草危害造成的损失占总产值的37%,其中虫害占14%、病害占12%、杂草占11%。农业病虫害是中国主要的农业自然灾害之一,具有种类多、影响大且时常暴发成灾的特点。据统计,中国农作物病虫害近1600种,其中可造成严重危害的在100种以上,重大流行性、迁飞性病虫害有20多种。几乎所有大范围流行性、暴发性、毁灭性的农作物重大病虫害的发生、发展、流行都与气象条件密切相关,或与气象灾害相伴发生。

气候变化还导致农业有害生物种类剧增且灾害加重,农作物病虫害的发生、发展和流行加剧。研究表明,1961—2010年气候变化导致中国农业病虫害、病害和虫害发生面积扩大,危害程度加剧;中国农业病虫害、病害和虫害的发生面积从1961年到2010年分别增加5.38倍、7.27倍和4.72倍,特别中国农业病害的增加速度远高于虫害。

5.3.4 对作物品质的影响

气候变化也将影响作物的品质。CO_2浓度升高将使作物吸收碳增加、氮减少,作物体内的碳氮比升高,蛋白质含量降低,从而使作物品质降低。小麦生长期间的温度升高,特别是在灌浆期间发生高温,将使小麦粒重、容重和蛋白质含量降低,制作的面包、馒头等的品质也受到影响。小麦生长后期发生高温干燥天气将造成严重的干热风危害,影响籽粒灌浆,造成粒秕粒小,容重降低,品质变劣。冬前温度增加将导致冬小麦播期推迟,但如果过于偏晚,则可使小麦生长后期易受高温逼熟的影响,籽粒灌浆受阻,也使得加工品质降低(如湿面筋含量减少)。水分过多和严重干旱都将不利于营养成分的转移和积累,妨碍小麦籽粒品质的改善,因此未来旱涝灾害频发将严重影响小麦籽粒的品质。当水稻灌浆期间的温度超过32℃时,水稻的结实率和粒重将降低,蛋白质含量下降,食味品质变劣;在40℃高温下,水稻籽粒中淀粉粒间的空隙增多,稻米垩白显著增加,外观品质受到影响。与日间增温类似,夜间增温将降低稻米的糙米率和精米率,而垩白增加,使稻米的加工品质和外观品质变次。玉米虽然具有较强的耐高温特点,但生育后期的高温将使玉米植株早衰,或促其早熟,灌浆缩短,使千粒重和容重下降,品质显著变劣。

5.3.5　对土壤环境、质量的影响

气候变化增加了土壤有机质和氮的流失,加速了土壤退化、侵蚀的发展,削弱了农业生态系统抵御自然灾害的能力,干旱区土壤风蚀严重,高蒸发也会造成土壤盐渍化。在内蒙古草原区,近 20 年来有变暖的趋势,冬季增温明显,春旱加剧,沙尘暴现象日趋明显和严重,发生频繁,埋没农田、草场等,草原的生产力和载畜量下降,给畜牧业带来严重损失。东北地区的降水变率增大,极端降水事件(旱涝灾害)的频率和强度明显加强,干旱的现象已经使有些地区出现了土壤盐渍、荒漠化现象,降低农业生产环境质量。独特的地形和气候使我国西南地区山地灾害频繁,水土流失严重,灾害导致当地土地质量下降,土壤肥力损失较大,粮食减产严重,四川省坡耕地因为水土流失使粮食产量每年减少 490 万 t,严重影响当地农业经济的发展。

5.4　气候变化影响研究方法

研究气候变化的影响通常有 3 类方法:一是实验室模拟或现场观测试验方法,二是历史相似或类比法,三是利用计算机进行数值模拟和预测的方法。第三类方法是当前最有前途、进展最为迅速的方法。从气候变化对农业影响来看,目前采用的方法主要集中在观测试验和模型模拟影响两方面。观测试验多采用田间试验和环境控制试验两种方法,其中环境控制试验是在野外设立封闭或顶部开放温室,通过人为控制 CO_2 浓度研究对作物的影响。国外早期的研究多采用环境控制试验,因为这种方法重复性好,能为研究者提供稳定的环境。我国有关 CO_2 浓度增加对农作物直接影响的研究起步较晚,20 世纪 90 年代,一些学者开展了通过田间试验进行 CO_2 浓度和光合作用关系的试验研究。直接田间试验的方法可以获取许多重要数据,用来检验假设或评价因果关系等,是一种重要的研究方法。但该方法耗时、耗财力,特别是对模拟未来气候变化后环境温度和降水等条件发生变化情况下多作物品种的长期试验非常困难,因此,在使用中存在很大的局限性。

鉴于田间试验方法的局限性,利用计算机进行数值模拟和预测研究是目前定量化研究气候变化及其影响的较科学和理想的方法。模型模拟包括统计分析(回归模型)和动态数值模拟(气候模式与农业评价模式相嵌套)两种方法。统计学方法在大数定律和统计假设检验的基础上,根据生物量与气候因子的统计相关建立数学模型。20 世纪 80 年代以来,随着长期观测试验的进行和人们对作物生长过程认识的不断深化,以及作物模式研究的不断发展和完善,大气环流模型(global circulation models,GCMs)和作物模型相耦合逐渐发展成为评价气候变化对农业影响的最基本、最有效的方法。国外学者研究气候变化与作物的关系多采用作物模型,结合不同的气候或天气模式,评价气候变化对作物影响并给出建议和对策。

5.5　农业应对气候变化

尽管气候变化对农业的影响具有不确定性,但事实表明我国的农业已受到气候变化的影响,适应技术和对策研究对于保证未来粮食安全十分必要。

农业的"适应"问题可从两方面来看:一是农民和农村社区在面临气候变化时自觉调整他们的生产实践,取决于农民掌握农业技术的水平及收入的高低;二是在面对气候变化可能带来

的减产或新机会时,政府有关决策机构积极宣传指导,有计划地进行农业结构调整,以尽量减少损失和实现潜在的效益,提高农业对气候变化不利影响的抵御能力,增强适应能力。

为促进我国农业持续发展,许多学者从理论上提出了适应气候变化的战略性对策,主要有:

(1)控制和减少农业活动中温室气体的排放量

如秸秆还田、秸秆养畜都将避免作物秸秆作为烧柴而大量释放 CO_2;采取少耕法、免耕法减少过度耕作带来土壤中碳素的释放;开发太阳能、水力能、风能、沼气等再生能源,直接减少农业生产和生活造成的 CO_2 排放;通过水肥管理、微生物措施和新品种的使用减少稻田中 CH_4 的排放。

(2)逐步调整农业结构,改进耕作制度

将当前勉强或不适合农作的地区逐步调整转化为牧业或林业地区,或牧业、林业结合地区。增加土壤植被的覆盖率,不仅有利于吸收利用大气中的 CO_2,也有利于防止土壤退化和沙漠化;在种植业内部适时改革耕作制度,调整作物品种布局,以充分适应气候的变化。顺天时、尽地力的种植不仅可以增加农作物吸收 CO_2 的能力,还能大幅度提高作物的产量水平。

(3)加强农田基本建设,改善农田生态环境

农田水利建设、节水农业体系、农田防护林等都有利于农业适应气候变化能力的提高。

(4)选育光合能力强、抗逆性强的优良品种

这些品种不仅能经受可能出现的气候异常,而且能抗逆可能加重的病虫害,同时还能充分利用 CO_2 浓度增加带来增产的直接效应。

(5)加强气候的预测预报及其对农业影响的评估

研究防御(或减免)气候变化不利影响的对策措施。变被动防御为主动防御,将损失减少到最低程度。

(6)加强对病虫害的综合防治,逐步加大农业生态防治的力度

研究气候变化背景下,作物虫病害可能发生的趋势。做好预测预报工作,加强对病虫害的综合防治,逐步加大农业生态防治的力度。

(7)加强气候变化领域的科研工作

由于未来人为排放方案的多样性、气候模式的不确定性、气候自然变化的难以预测性以及气候系统各圈层和多种影响因子的相互作用和反馈的复杂性等,对未来气候变化的预估包含有相当的不确定性。加强科学研究,不断地改进和提高人类对气候系统及其变化的认识,解决和减少不确定性是目前和今后相当长一段时间内科学界的重要任务。通过气候模式系统的分析和模拟解决气候变化研究中的关键科学问题,提高对未来气候变化预测的准确率,从而提出农业适应气候变化的有效对策。

参考文献

北方小麦干热风科研协作组,1988.小麦干热风[M].北京:农业出版社.

陈百明,1991.中国土地资源生产能力及人口承载量研究[M].北京:中国人民大学出版社.

崔读昌,1999.中国农业气候学[M].杭州:浙江科学技术出版社.

代立芹,张文宗,2008.河北省冬小麦冻害发生规律及影响因子研究[J].防灾科技学院学报,10(3):13-17.

杜尧东,李春梅,毛慧琴,2006.广东省香蕉与荔枝寒害致灾因子和综合气候指标研究[J],生态学杂志,25(2):225-230.

冯定原,邱新法,1995.农业干旱成因、指标、时空分布和防旱抗旱对策[J].中国减灾,5(1):22-27.

冯玉香,何维勋,饶敏杰,等,2000.冬小麦拔节后霜冻害与叶温的关系[J].作物学报,26(6):707-712.

龚绍先,张林,顾煜时,1982.冬小麦越冬冻害的模拟研究[J].气象,11:30-31.

郭建平,高素华,1999.东北地区农作物热量年型的划分及指标的确定[M]//王春乙,郭建平.农作物低温冷害综合防御技术研究.北京:气象出版社.

郭贤仕,山仑,1994.前期干旱锻炼对谷子水分利用效率的影响[J].作物学报,20(3):352-356.

韩湘玲,刘巽浩,高亮之,等,1986.中国农作物种植制度气候区划[J].耕作与栽培(1):2-19.

侯光良,李继由,张谊光,1993.中国农业气候资源[M].北京:中国人民大学出版社.

黄占斌,山仑,1997.春小麦水分利用效率日变化及其生理生态基础的研究[J].应用生态学报,8(3):263-269.

姜爱军,周学东,周桂香,等,2000.长江下游异常雨涝及其对农业影响的评估[J].地理学报,55(S):46-51.

蒋桂芹,裴源生,翟家齐,2012.农业干旱形成机制分析[J].灌溉排水学报,31(6):84-88.

接玉玲,杨洪强,崔明刚,等,2001.土壤含水量与苹果叶片水分利用效率的关系[J].应用生态学报,12(3):387-390.

李世奎,1986.《全国农业气候资源和农业气候区划研究》系列成果综述[J].气象科技(2):77-80.

李世奎,1987a.中国农业气候区划研究[J].自然资源学报(1):71-83.

李世奎,1987b.省级农业气候资源及农业气候区划综述[J].气象科技(2):77-88.

李世奎,1999.中国农业灾害风险评价与对策[M].北京:气象出版社.

李世奎,王石立,1981.我国不同界限温度积温的相关分析[J].农业气象(1):35-41.

李世奎,侯光良,欧阳海,等,1988.中国农业气候资源和农业气候区划[M].北京:科学出版社.

李艳兰,苏志,涂方旭,2000.广西秋季寒露风的气候变化分析[J].广西气象,21(增):54-57.

刘昌明,1999.土壤—作物—大气界面水分过程与节水调控[M].北京:科学出版社.

刘静,1995.宁夏棉花霜冻及全生育期热量指标研究[J].宁夏农林科技,4:7-9.

刘静,马力文,张晓煜,等,2004.春小麦干热风灾害监测指标与损失评估模型方法探讨——以宁夏引黄灌区为例[J].应用气象学报,15(2):217-225.

刘丽英,郭英琼,孙力,1996.广东省寒露风时空分布特征[J].中山大学学报,35(S):200-205.

庞庭颐,2000.荔枝等果树的霜冻低温指标与避寒种植环境的选择[J].广西气象,21(1):12-14.

全国气象防灾减灾标准化技术委员会,2011.南方水稻、油菜和柑橘低温灾害:GB/T 27959—2011[S].北京:气象出版社.

陶祖文,琚克德,1962.冬小麦霜冻气象指标的探讨[J].气象学报,32(3):215-223.

王荣栋,1983.小麦冻害及其分级方法初探[J].新疆农业科学(6):7-8.

吴洪颜,高萍,赵凯,2003.春季连阴雨对江苏省夏收作物产量的影响[J].灾害学,18(3):46-49.

夏丽花,张立多,林河富,等,2007.福建省多季果树冻(寒)害低温预报预警[J]. 中国农业气象,28(2):221-225.

信乃诠,2001.农业气象学[M].北京:中国农业出版社.

晏路明,2002. 农业气候资源的综合评判物元模型[J]. 农业系统科学与综合研究,18(4):260-263.

张浩,1982.试论延安市日照时数与作物产量的关系[J].陕西气象,3:31-34.

张晓煜,马玉平,苏占胜,等,2001.宁夏主要作物霜冻试验研究[J].干旱区资源与环境,15(2):50-54.

张雪芬,陈怀亮,郑有飞,等,2006.冬小麦冻害遥感监测应用研究[J].南京气象学院学报,29(1):94-100.

张养才,何维勋,李世奎,1991.中国农业气象灾害概论[M].北京:气象出版社.

张养才,王石立,李文,等,2001.中国亚热带山区农业气候资源研究[M].北京:气象出版社.

中国科学院内蒙古、宁夏综合考察队,1975.综合考察专辑:内蒙古植被[M].北京:科学出版社.

中国牧区畜牧气候区划科研协作组,1988.中国牧区畜牧气候[M].北京:气象出版社.

中国农林作物气候区划协作组,1987.中国农林作物气候区划[M].北京:气象出版社.

中国气象局政策法规司,2008a.植物霜冻害等级标准:QX/T 88—2008[S].北京:气象出版社.

中国气象局政策法规司,2008b.寒露风等级:QX/T 94—2008[S].北京:气象出版社.

中国气象局政策法规司,2008c.作物霜冻害等级:QX/T 88—2008[S].北京:气象出版社.

中国气象局政策法规司,2009.冬小麦、油菜涝渍等级:QX/T 107—2009[S].北京:气象出版社.

中国热带亚热带西部丘陵山区农业气候资源及其合理利用研究课题协作组,1995.中国热带亚热带西部山区农业气候[M].北京:气象出版社.

中国统计局,2014.2014年中国统计年鉴[M].北京:中国统计出版社.

中国亚热带东部丘陵山区农业气候资源及其合理利用研究课题协作组,1990.中国亚热带东部山区农业气候[M].北京:气象出版社.

周天理,郑秀萍,陈丹,等,2000.光照长度对三系杂交水稻不育系育性影响的研究[J].中国水稻科学,14(4):247-248.

朱俊凤,张军,1980. 关于"三北"防护林体系建设的几点意见[J].林业管理资源,3:29-33.

FARQUHAR G D,O'LEARY M H,BERRY J A,1982. On the relationship between carbon isotope discrimination and intercellular carbon dioxide con-centration in leaves[J]. Austr J Plant Physiol,9:121-137.

LUNDEGARDH H,1954. On the oxidation of cytochrome f by light[J]. Physiologia plantarum,7:375-383.